オッペンハイマーの時代

核の傘の下で生きるということ

澤野雅樹

言視舎

オッペンハイマーの時代　目次

Introduction　われわれは、いまなお「オッペンハイマーの時代」にいる　7

第1講　亡命者たち　33
1　一九三〇年代ドイツ　33
2　亡命者たち――ユダヤ人知識人としての　39
3　エビアン会議（一九三八年七月）　44
4　亡命者たち（続き）　48

第2講　マンハッタン計画　59
1　レオ・シラード（一八九八－一九六四）　59
2　J・ロバート・オッペンハイマー（一九〇四－一九六七）　68
3　アメリカのフェルミ　79

第3講　臨界――核分裂連鎖反応　90
1　ボーアの悟り　90
2　連鎖反応の条件　100
3　コードネーム「冶金研究所」　103

4 臨界 112

第4講 トリニティ実験 116

1 フリッシュ＝パイエルス覚書（一九四〇） 116
2 「リトルボーイ」の構造 121
3 プルトニウムの難点 125
4 爆縮(implosion)型原子爆弾 129

第5講 投下――ヒロシマとナガサキ 144

1 一九四五年の状況 144
2 科学者たち 146
3 無条件降伏 151
4 投下 153
5 調査 163
6 長崎への投下について 168

第6講　冷戦下の核実験——水素爆弾 175
1　原子爆弾投下の理由と帰結 175
2　冷戦下の核実験 178
3　強化原爆と水爆 182
4　核実験と被曝の実態 186
5　ある漁船を襲った出来事の顛末 195
第7講　破局（想定外の事象）の論理 204
1　想定外の想定可能性 204
2　MAD 208
3　抑止の論理を反対方向からひっくり返す 212
あとがき 217

Introduction われわれは、いまなお「オッペンハイマーの時代」にいる

――本書は、その評伝映画がアカデミー賞を受賞し評判を呼ぶことになり、あらためて注目を集めているアメリカの物理学者J・ロバート・オッペンハイマーの仕事とその影響に焦点を当て、物理学の知の累積と進展が、核兵器という大量殺戮兵器の開発と使用にどのようにむすびついていったのかを歴史的に跡付けた『［犯罪社会学講義］科学と国家と大量殺戮　物理学編』を圧縮し、再構成したものです。

本書の手法は、政治的なバイアスや倫理主義的な裁断を排すもので、これは核兵器や原発の問題を考えるうえで重要なことだと考えます。それは同時に、映画『オッペンハイマー』を考えるうえでも必要な態度だと思います。

この映画が日本公開される予定がない段階で『国家と科学と大量殺戮　物理学編』は書かれていますので、この本の「あとがき」は、日本未公開への危惧と批判が書かれています。未公開の問題はクリアされたとはいえ、それをめぐる日本的な対応には、いろいろな問題が潜んでいるような気がします。そのあたりからこのイントロダクションを始められたらと思います。なおこれは本講義の準備講義で、こ

このみ語り下ろしというスタイルになっています（言視舎編集部）。

▼日本への原爆投下の場面が描かれていないという批判

クリストファー・ノーラン監督の映画『オッペンハイマー』は、予想したよりは早く公開された感じがしますね（二〇二四年三月十九日公開）。アカデミー賞の作品賞、監督賞など七部門受賞も大きかったでしょうが、ビターズ・エンドという大手ではない配給会社が配給したのも特徴的でした。たぶんこの配給会社は使命感をもって配給にこぎつけたんじゃないか、そういう気がします。

公開前には、日本への原爆投下の場面が描かれていないという批判等々がありました。その件もあって日本公開が遅れたわけですが、この映画でそれを描くべきかどうかについては疑問に思っています。もしオッペンハイマーの視点から原爆投下を描くとなると、ロバート・サーバーという彼の弟子が投下後の長崎に派遣されていて、そのレポートに絡んでオッペンハイマーにたしなめられる印象的なシーンが原作（カイ・バード&マーティン・J・シャーウィ『アメリカン・プロメテウス』）にありますから、サーバーの目に映る光景とそれをめぐる師とのエピソードを描くしかないでしょう。映画的にも印象的なシーンになりそうなので撮っていた可能性もあります。ただし、サーバーをはじめ教え子との関係にあまり時間が割かれていないのに、にもかかわらずいきなり原爆投下直後の広島や長崎の惨状を描くのにサーバーを登場させるのは唐突の感が否めませんし、へたをすればオッペンハイマーの映画ではなくなってしまう。事実、サーバーをはじめとする調査班による記録映像を見たオッペンハイマーの傷心の様子は描かれていましたから、あれはあれで正しいでしょう。

私の本文でも、いわゆる広島・長崎の惨状を描いていないし、描かなくてもいいと思っています。というのは既に周知の事柄として流通しているからです。それをさらに反芻したところで日本人にとってもどれだけ意味があるのか疑問です。たとえば「はだしのゲン」の描写や被爆者の写真、映像など一連のイメージ群は、われわれの脳裏に焼き付くように残っています。周知のイメージを殊更に反復するよりも、もっとやることがあります。実際、多くの日本人は爆心地にいた人々がどう姿を消したのか知りません。原子爆弾が投下され、最初に光とともに消え去った人々、その後、大気が焼き尽くされ真空地帯が生じたせいで全身の血液が瞬時に沸騰して風船のように破裂した人たち、彼らがどういう力のために痕跡すら残さずに姿を消したのか、その種の力を引き出した原子爆弾とはどういう仕組みで作られているのか。こういう詳細は意外なほど知られていないし、あまり関心も持たれていません。なので今はそちらを積極的に伝えるべきだと考えています。

たとえば、広島型原爆と長崎型原爆のメカニズムの違い、どちらがより簡単に製造できるのか、一方が他方より製造が困難なのはなぜなのかということも大して知られていません（詳しくは本文に譲りますが、広島型のほうが簡単に製造できます。映画では長崎型原爆を組み立てる様子が印象的に描かれていました)。

また、映画のクライマックスで描かれた「トリニティ実験」を契機に作られた単位に「TNT換算」というものがあります。トリニトロトルエンという通常兵器の爆弾では最強クラスの物質ですが、これが力の単位として採用されてから、地震によって解放される力もTNT換算で表わされるようになりました。東北・関東大震災がどれくらいの力が解放されたのかもこの単位で表わされますが、起源はあまり知られていません。

われわれが子どもの時分、ロボット映画やマンガで「メガトンパンチ」という表現がありました。それこそTNT換算で、水爆実験によって解放されたパワーが「メガトン」という単位で表わされ、そのインパクトが映画やマンガに反映したのでしょう。プロレスでも「原爆頭突き」だとか「原爆がため」といった名称がありました。その手の言葉は意味はわからなくても盛んに流通し、考えなしに脳裏に焼き付いたのですが、そのせいか事の詳細をわれわれはずっとスルーしてきてしまいました。

ですから、そもそも脳裏にそれと知らずに刻印されたそれらはいったい何だったのか、ということを今度は意識的に知る必要があるのです。われわれが経緯を知らずに知っていることを意識的に知として触れ、考え、それから判断したほうがいいんじゃないかということです。はじめから善悪を決めてかかるのではなく、とりあえず判断は留保し、まずは知り、吟味し、言葉を交わすことです。この本が成立した経緯は学生向けの講義でしたから、原子爆弾が作られるまでの歴史と、その物理化学的なメカニズムについて、文系の人でもわかるかたちで書いたつもりです。なんらかの判断をすべきという意向の方は、それらの詳細を知ったうえで判断すればよい。そのために必要な情報は提供し、各人が考えられるようにはなっていると思います。

▼映画では説明されていないこと

また映画では、描かれたものの説明されない人物や物体が多々ありました。本書を読むことで、背景に没した事柄のいくつかはわかると思います。

たとえば、トリニティ実験で使われた原子爆弾は作戦名「ファットマン」であり、広島に落とされた作戦名「リトルボーイ」とは原料も製造方法もまったくちがっています。リトルボーイは濃縮ウランを原料にした単純な設計の爆弾でした。映画で描かれたトリニティ実験の爆弾は長崎に落とされたものと一緒で、プルトニウムを原料にしています。映画では巨大な球形の爆弾を組み立てる様子が象徴的に描かれていましたね。

プルトニウムのコアは、だいたい五、六キログラム程度の球なんですが、それを全方向から取り囲むように「爆縮レンズ」を設置していきます。先に言及したTNT爆弾を使って爆縮レンズなるものを作るわけですが、コアの周囲をそれで包囲し、点火用のケーブルをつなげるわけです。スイッチを入れるとTNT爆弾が一斉に爆発して、中心部のコアに向かい、内側に爆発するので通常の爆発（explosion）と対比して「爆縮 implosion」と言うんですが、爆縮によってプルトニウムコアをピンポン玉ぐらいに圧縮する。本書の中に「トマトを壊さずに潰す」という表現がありますが、猛烈な高熱と圧力により潰されると一瞬にしてコアが超臨界となり、核分裂連鎖反応がはじまります。映画ではTNT爆弾で作られた爆縮レンズを一個一個、コアを囲むように丁寧に設置していく場面が描かれていました。

映画は何ら説明しませんから「あれが原爆なんだろうな」くらいの感想で終わった方も多いのではないでしょうか。爆縮レンズの仕組みを知らなければ、やたらと大きなカバーを設置しているふうにしか見えません。本書を読むと、それが簡単にわかるようになっています（第4講トリニティ実験の4参照）。

対して、広島型は「ガン式」といって「臨界質量」ないしそれ以上の濃縮ウランをふたつのパートに分け、一方を弾丸に見立て、筒状に成形されたもう一方の標的に打ち込むという方式でした。ウランの弾丸が標的のウラン塊の中心に到達すると一瞬にして「超臨界」を迎え、爆発する仕組みです（第4講トリニティ実験の2参照）。こちらのほうが簡単に成形できるんですが、プルトニウムではガン式は使えないという問題がありました。

▼科学者たちの関係性について

この映画をちゃんと理解しようとすると、予備知識がかなり必要になります。予備知識を蓄えれば蓄えるほど、たとえば登場人物のこれは誰であり、何をした人で、あれは誰で……といったことも、いちいちわかる仕組みにはなっています。

原作とのちがいが際立っているのは、研究者のなかに「悪役」を立てた点でしょう。マンハッタン計画では大して活躍したわけでもないエドワード・テラーをかけがえのない重要人物のように描いたのは、戦後編で彼に「悪役」を演じさせる必要があったからでしょう。実際にはちらっとしか出てこないエンリコ・フェルミやリチャード・ファインマン、ハンス・ベーテなどのほうがはるかに貢献度は高かったはずです。

エドワード・テラーをあそこまで強烈なキャラクターにした理由は、もっぱらアメリカの「戦後」の事情が絡んでいます。フェルミがふと呟いたことをきっかけに「水爆」熱に取り憑かれたテラーは、マンハッタン計画のときから「水爆」開発を主張して周囲を困らせていたようですし、トリニティ実験のときも「こんなもんかよ」と吐き捨てたそうです。そのテラーは戦後、水爆開発の音頭取りになり、オッペンハイマーを締め出す格好になります。オッペンハイマーからすれば自分から降りたとも言えるんですが、作戦を推進する陣営からすれば英雄オッペンハイマーの発言力・影響力が邪魔になった。テラーの戦後の発言が裏切りと映るよう演出するには、マンハッタン計画当時の二人の関係を友人とまでは行かなくともそれに近い間柄として描く必要があったのでしょう。事実、二人は戦後、対照的な人生を歩んでいきます。テラーは戦後アメリカの核開発に続き、レーガン政権時代の「スターウォーズ計画」まで主導していきます。アメリカの戦後史では相応に重要な人物ですが、なんでテラーがそこまで重要人物なのかということは、われわれ日本人には少しわかりにくいところかもしれません。

また、アインシュタインが象徴的な登場の仕方をしますが、どうして彼なのかというと、プリンストン高等研究所に最初に赴任した研究者だということもありますが、特殊相対性理論の有名な公式、$E=MC^2$ が核兵器の核心にあるからです。特殊相対論がなければ、リーゼ・マイトナーが核分裂に思い至る手がかりがなかったし、もっといえば実験室で起きた不可解な現象を解明するヒントすらなかったのです。その意味では、核兵器の核心にはずっとアインシュタインの公式があったのです。

マンハッタン計画に関わっていないにもかかわらず、彼がどうして出てくるのかというのは、物理学のイコンだったというだけでは足りません。ニールス・ボーアとアルベルト・アインシュタインという二人の巨人がそれぞれ偉大な仕事をしていなければ、原子爆弾は完成するどころか、その着想自体がありえなかったのです。量子力学をめぐってしのぎを削った二人がひじょうに重要な場面で描かれているのは、その意味でも、どこか象徴的な気がします。

▼アメリカを「最先端」にした亡命者たち

このあと本講義の冒頭から説明していきますが、ナチスがユダヤ人を迫害したおかげで、ヨーロッパに暮らしているユダヤ系の科学者が、こぞってイギリスやアメリカに逃げていきます。さきほどのエドワード・テラーもそうですし、フォン・ノイマン、レオ・シラードもそうです。この三人はハンガリーからドイツに行き、ドイツを逃れてイギリスやアメリカに渡るかたちになりました。彼らハンガリー人は戦後もひじょうに大きな活躍をしていきます。もちろんドイツから逃げた人たちもたくさんいました。彼ら亡命ユダヤ人（もしくは家族にユダヤ系のいる科学者）たちがアメリカに集中したせいで、マンハッタン計画もほとんど奇跡的と言ってもよい成功を収めました。もちろん日本にとって同じ成功が悪夢的な含意を帯びることになるわけですが……。

彼ら亡命者たちがなぜあそこまで情熱的に関わったかというと、ドイツに残った科学者たちを仮想敵に想定し、とりわけハイゼンベルクをはじめ超弩弓の業績を有する科学者たちなら自分たちよりも先にゴールにたどり着くんじゃないかと考えたわけです。その仮想的な脅威をバネにしていたわけで、その論理は冷戦の伏線でもあり、また現在の伏線にもなっていきます。

亡命科学者たちには、ハンス・ベーテもいれば、核分裂という概念をいち早くアメリカに最新のニュースとしてもたらしたニールス・ボーアもいました。イタリアからはエンリコ・フェルミが加わりました。彼自身はユダヤ系ではありませんが、幼なじみの配偶者がたまたまユダヤ系だった関係でノーベル賞の受賞式を利用して、アメリカに逃れました。結果として、ヨーロッパ中の優秀な頭脳がアメリカに集団疎開したと言っても過言ではなかったから、科学的な後進国だったアメリカがいきなり最先端になってしまったわけです。

ノーベル賞受賞者がずらっと顔をそろえる中で、まだノミネートすらされていなかったオッペンハイマーが彼らを率いたというのは、それだけでもすごい事実ではあるんです。

▼マンハッタン計画という「理想郷」

オッペンハイマーには、人を動かす才能がめちゃくちゃあったようです。キャリアの初期こそ空気の読めない変わり者で、煙たがられたり、怖がられたりしたようですが、それを自覚し、科学のよろこびを共有したいと思うようになってからは、彼の周りには自然と学生たちが集まり、分野と学の垣根を横断しながら、教育とも研究ともつかない熱気の中から次々に画期的な業績が生まれていきました。彼が学生の心を掌握した手腕がそのままマンハッタン計画に参加した科学者たちをも動かしていきました。

もちろんリチャード・ファインマンやエンリコ・フェルミのように、物理の全分野に通じている科学者もいました。しかし、たとえばファインマンは、哲学や思想を軽蔑していましたし、文学にも関心がありませんでした。インドからイギリスに渡ったチャンドラセカールなどは物理全般に通じるだけでなく、芸術にも造形が深かったと言われています。オッペンハイマーの関心はさらに広範に及び、自然科学は言うまでもなく、社会科学にも関心をもち、さらには社会的な空間と言えるためにはそこに芸術家や文学者もいなければ不自然と考えていたようです。だから軍事作戦とは直接関係ない人たちもロスアラモスに呼んできました。極秘の軍事プロジェクトなのにあえてそんなことをするくらいですから当然、本人も話題が豊富だったし、カリスマ性も抜群でした。カリスマの威光を放つことができれば、恐怖による支配など不要ですから、彼は求めに応じて助言するだけでよかったんだと思います。ただ、その助言には他の誰にも真似できない何かが秘められていなければならなかったはずですが……。ハンス・ベーテも、マンハッタン計画はオッペンハイマーでなければ成し遂げられなかったと確信をもって語っていました。

マンハッタン計画に関わった科学者たちはみな熱狂の渦に巻き込まれるようにして開発に携わっていました。その後の生涯で「あの頃」の興奮と熱狂はその後、二度と味わえなかったと述べている人も少なくありません。研究者にとってはもてる力を存分に発揮できる場があり、日々の仕事に専心できるなら、それだけで幸福だったのかもしれません。資金のために奔走する必要もなければ、雑事にわずらわされることもありませんから、きっとそこは理想郷だったのでしょう。その理想郷の目的が、大量破壊兵器の製造だったことだけは決して小さくない皮肉ですが、金に糸目をつけない軍事作戦でもなければ理想郷なんて実現しませんから、熱狂的な表情には最初からアイロニーで強ばった横顔が貼り付いていたことになります。

▼理解する前に「善い悪い」を先に決めたがる傾向

もちろん科学者にとって倫理とは何かを考え、腕を組んで「ううむ」と唸る人もいるにちがいありません。ただし基本的に科学者という生き物は、自分にできることはすべて成し遂げたいと思っている人たちです。野球選手であれ、格闘家であれ、もてる力があるならそれを存分に発揮したいと思うのは当然です。なのに、自分の力であるにもかかわらず、もてる力を差し控えろと

（外から）言うのは、力の主体を悲しませる以外の何も生まない。そう言ったのがスピノザです。彼の倫理はもてる力をあらん限り発揮するのを肯定し、反対に同じ力を差し控えるべしと命ずるのが道徳でした。

道徳を振りかざして原子爆弾を作った人たちを「悪」と断罪するのはかまいませんが、そこで終わりじゃいかにもつまらない。最悪の兵器なんだからそれを作った行為も当然、最悪であり、ゆえに許しがたい。ならば最悪じゃない兵器なら許されるのか、兵器開発がすべて悪だと言うのなら、軍事にかかわらない暴走は許されるのか。とりわけ日本に多いと言われるデータの偽造やパクリ論文は、たとえば文系なら実害がないし、誰にも迷惑をかけないから無罪放免でいいんだ、なんてならないですよね。

ある時代、ある分野で激しく糾弾され、表舞台から葬り去られた科学者や技術は一つや二つではありません。消えた科学者たちが手を染めた（好ましくない）技術は、放り出されたままなのかというと、実はそうではなく、別の文脈で掘り返され、再利用され、とくに糾弾されることなく使用され、隆盛を極めていたりもする。往時の非難などどこ吹く風で誰かがパンドラの箱を開け、禁じられた技術ががんがん使用されている現状もあります。

つい先ごろ、映画『オッペンハイマー』を観たという同僚が、医療に関する研究をしているんですけれど、私が「傑作だったでしょ」と訊くと首をひねって……。彼女の分野では生命に介入する技術革新がとめどなく進み、誰も疑問を持たずに暴走状態になっていると言うんです。映画を観てから眠れなくなっちゃったとこぼしていました。

こわいのは原子爆弾を絶対悪と見なすことで、絶対悪に満たない他の悪から目をそらす作用がはたらきかねないことです。むしろ原子爆弾を最悪の代物にしたプロセスのどこがまずかったのかを見据え、技術的なことも政治的なことも知ったうえで、その功罪に関する知を他の諸技術を見ていく視点にしなければならないんです。誰が何を成し遂げたのかを、完全ではなくとも、ある程度はわかったうえで、複雑に絡み合う功罪の程度をその文脈ごとに判断していく態度が必要になります。単純に白黒つけないということです。

真っ先に「善い・悪い」を判断するんじゃなく、その前に何が成し遂げられつつあるのかに関心をもち、科学技術の中身を知ることが必要な時代になっています。詳細を知らずとも、核心を把握していないと、たわごと（ブルシット）としてすべてがスルーされてしまう可能性がある。現代は、ある程度の向学心さえあれば、古生物学はもちろん、先端医療や、素粒子物理学でも、だいたいのことはわかるようになっています。啓蒙書はもちろん専門家による解説書もたくさんあります。しかし、わからないまま判断だけしがちなのが現代のもう一つの特徴です。理解する前に（妄想的に）「善い悪い」を判断したがる人たちがすごく多い。これが問題です。

▼思考停止していることの愚かさ

この映画を日本公開すべきではない、という考えのなかには、オッペンハイマーを肯定的に描いているから日本人には見せたくないという発想があったようです。たぶん彼らは見せたくないというより、考えてほしくないんでしょう。原爆を絶対悪の玉座に据え、そこを一ミリも動かしたくないし、動かしたくなるような代物には触れさせたくもないということです。核廃絶でも、核拡散防止でもなんでも、とにかく核には反対という態度を最初に示して、それ以外のことは考えることすら罪だというのが、見せたくないと思った人たちの心情なんだと思います。見せると考えちゃうので。考えるのはよくないことだと思っている人たちが、とりわけ核については多くいます。これは右も左も一緒で、知識をあまりもたずに、反対側からイエスやノーを叫ぶ人だけになってほしいんです。世論が分断してもいいんです。分断の形がわかりやすければ、そのほうが扱いやすいから。

対照的に自分の頭で考える人たちは扱いにくい。晩年のカントやフーコーが「啓蒙」という語を使って訴えたのは、自分で考える、扱いにくい人間になれ、ということです。たぶん、きっかけさえあれば、誰でもゼロから考えることができます。それが映画なら、原作を読んでみよう、核技術とはなにか、放射性同位元素ってなんなんだ、ベクレルという単位の元になった人は何をしたのか、伝記本は出ているけれど詳細はよくわからないキュリー夫人っていったい何者なんだとか、そういうところまでさかのぼって考えるようになってしまうわけです。そういうふうになってほしくないと考える人たちが、この映画を公開すべきでないと言っていたんだと思います。

この映画は「アメリカの視点」だという言われ方もします。アメリカの視点というのはもちろん正しくて、エドワード・テラーの過大評価もそうですし、映画の後半でオッペンハイマーが審問にかけられるシーンもその通りでしょう。われわれからしたら、何が嫌疑なのかわからないまま、オッペンハイマーの魂だけが壊されていく場面が延々と続くので「なんなんだ?」と感じるかもしれませんが、アメリカにとって「赤狩りの時代」は大きなトラウマになっています。そのトラウマ的な事実を詳らかに描くのは、アメリカ人の観客にとってもスクリーンを通しておのれの罪と向き合い、自国の暗部を直視する格好になっていたのかもしれません。

われわれにとって映画の後半の三分の一がどこか他人事に見えてしまうとしたらそのあたりがかかわっているかもしれません。現在のように分断の時代で、政治的にもますます単純化されてしまう時代には、ああいう罪状も嫌疑もはっきりしないまま人格だけが削られてゆくシーンを詳細かつ丁寧に追ってゆく描写は、かなり大事な試みだという気がしました。

▼日本学術会議の任命拒否問題

ついでといってはなんですが、日本における学問の環境について少しふれておきましょう。アメリカでは軍が出資する研究費が非常に多いと言われています。公的な資金に申請する研究者の数は日本とそんなに変わらないけれども、総額は十倍くらいの開きがある。日本の研究者が、世界でも稀なほど貧窮した状態に置かれているのは周知の事実でしょう。初期のノーベル賞受賞者なんて、みんな紙と鉛筆だけで獲得したようなものでしたから。最近の半導体関連のトピックでもそうですが、日本では研究開発に投入される資金がとにかくみみっちいんです。笑ってしまうほど桁が小さく、なのに官僚がそれを楯に口を出す。それが嫌で日本を捨てた研究者がノーベル賞を数年前に取りました。

この状況を打開しようとすれば、企業や軍事に関わるしかないんですが、日本のアカデミズムはピューリタンというか潔癖症というか、それを堕落と考えてきたようですし、今もその空気はあります。学術会議が「軍事目的の科学研究を行わない」という声明を出し、軍との関わりを断固拒否したので、そこが政府としては気に食わなかったのでしょう、二〇二〇年に当時の菅義偉首相が会員候補六人を任命拒否するという〝暴走〟をしたんだと思います。潤沢な資金すら出さずに「口を出す」から、優秀な研究者が国を捨てるのが止まらないのに、やっぱり口を出しちゃった。悪手に対して最悪手を出すという構図でした。

とはいえ、われわれが知っている研究者たちでも、たとえばグレゴリー・ベイトソンの多岐にわたる研究や、「アフォーダンス」で有名なジェームス・ギブソンの研究などは、ほとんど軍から出たお金で成し遂げた業績ばかりなので、文系だからといって関係のない話ではありません。ベイトソンの研究にせよギブソンの研究にせよ、簡単に結果が出るようなものではありません。お金も掛かるし、時間も掛かる。逆に言えば、お金は出すと決めたらとことん出すけれども、いらぬ口は挟まないし、いっそ口はまったく出さない。そういう潔さがアメリカにはある。ところが日本は絶対に関わらないと頑固に言いつづける陣営と、そういう連中は絶対に認めないと口を出す連中がいるだけ。「絶対ダメ」と「絶対ダメというやつは絶対許さない」みたいな分断の構図になっていて、議論すらはじまらずに貧窮状態だけが延々とつづく。最悪です。両陣営ともに貧窮した状態を放置しておいて「イエス／ノー」の分断を作って安住しているのが日本です。そこを何とかしないとしょうがないでしょ。

▼軍事技術と科学の進展

闇雲に「ダメ」というのも頑固一徹と褒めたがる風土としてはいいんでしょうけど、自衛隊から資金を得ることで進んでいく知識もあるんじゃないかという気もします。内容を見ずにはなから全部ダメと言うのは、理性的というより体質的という印象が拭えない。

軍事関連がすべてダメなら、私たちが身近に使っているラジオ波という電波はもちろん、インターネットだって軍からの払い下げだし、デジカメやスマホに搭載されているCCDカメラも軍事技術です。断固拒否するのは、民生化された軍事技術も断固拒否すべきでしょうが、そこまで潔癖な研究者は一人もいません。われわれの身の周りの技術は否応なく軍の汚れた手で作られたもので溢れ、いわば軍事技術に包囲されています。

二〇二二年に出した私の『科学と国家と大量殺戮　生物学編』ではかなりのスペースを割いて、デーヴ・グロスマンという軍人による調査研究を取り上げました。彼の調査は衝撃的なもので、戦場で発砲を命じられた兵士の大半が命令にしたがわず、発砲しないというものでした（第）。この研究は殺人の敷居を明らかにしたという意味で心理学の進展に寄与しました。また、兵士が命令にしたがっていないことが明らかになることで軍が「まずい」と判断し、口を挟むようなことをしていない点も見逃せません。むしろ歴然たる事実から出発して、殺人の敷居を下げるあれやこれやの工夫がはじまったという苦い事実がつづきますが、その苦さゆえにグロスマンの研究を断罪するのはもちろん、まちがっています。

その意味でもタブーは作らないほうがいい。悪魔的な研究をはじめる連中はいるでしょうが、そういう試みを事前にシャットアウトするよりも、できる環境を作っておいて、それを可視化するほうが健全な気がします。

科学的な暴走に「歯止め」があるのか、という議論も当然あるでしょう。が、「歯止め」を、誰が何を根拠に、どうやって作るのか。永遠不変の基準などないし、一般的な根拠もありえない。ならば実際に歩を進めながら、渦中にいる人たちとその周囲の人々が議論しながら作っていくしかないのではないか。歩みも始めないうちに大筋で何もかも決めて、それ以上は立ち入り禁止としてしまうのは、いかにも人としての成熟度が低い。

▼ほんとうに問題なのは——

軍事との関連を云々するよりも、従来、日本の技術は政府に潰されてきたし、とりわけ政府や行政がアメリカの言いなりになることにより潰されてきた長くも苦々しい歴史のほうが大問題です。半導体は言うまでもなく、コンピュータのＯＳにしてもそうです。アメリカが「やばいぞ」と感じたら、日本に「やめろ」と言い、そうすると日本はやめさせられちゃうんですよ。そちらのほうがはるかに有害です。

アメリカの要求に毅然と応じられない政府の情けない歴史のほうをしっかり記録しておくべきでしょう。そのために潰された技術がどれだけあるかということです。半導体摩擦の際の妥協がなければ、今も日本が世界一の半導体技術を維持しえていたかもしれません。以降、挽回すべく政府もいろいろやってますが、いつものように出す金は小銭ばかりで、しかも例のごとく小銭をニンジンのようにぶら下げて役人が出てくる始末、そうなると要らぬ口を出しはじめるから、結果、どんどん状況は悪くなり、海外との溝もあけられるばかりになります。焦燥感に駆られたのか、今度は実用に結びつかない研究はダメと言って、基礎研究も遅れ、履修者の少ない講座は潰され、結果、無教養の使いっ走りみたいな専門人ばかりが量産される。研究に関して日本の将来は本当にひどい状態になると思います。

▼原爆は物理学の歴史三〇〇年の結晶

もう一度原子爆弾の問題にもどりましょう。映画の最初に、原爆は物理学の歴史三〇〇年の結晶であるという旨の文言が出てきます。実験物理も理論物理も、小さな鉱石の分析であれ、天文学の歴史であれ、そういう知と技術の蓄積すべてが原子爆弾には詰まっている。

近代物理学の歴史を考えると、ドイツの天文学者ヨハネス・ケプラーがデータを持ち去ったとされる天文学者のティコ・ブラーエという人の死去が一六〇一年。そこから考えても三五〇年くらいの歴史になります。ガリレオ・ガリレイが『新科学対話』を発表したのが一六三八年でした。アイザック・ニュートンが万有引力を発見したのが一六六五年、『プリンピキア』(『自然哲学の数学的諸原理』)を世に問うたのが一六八七年なので、どこから数えるかによりますが、だいたい三〇〇年から三五〇年の歴史があったわけです。およそティコ・ブラーエが亡くなり、遺されたデータから三人の巨人が格闘を開始してから三〇〇年以上もの歴史がすべて原子爆弾に結実した。オッペンハイマーやエンリコ・フェルミといった、ちがう意味で全方位に目配りでき、あらゆる分野に秀でた人が指揮を執り、加えて個別分野の専門家を結集して事に当たらないかぎり原爆を作り上げるなどという大それた仕事はなしとげられなかったんです。

そんなバカげた代物が完成間近だったころ、「これを戦争で本当に使うのか」という危惧が研究者たちの脳裏をよぎります。当初、彼らの頭にあったのはナチスドイツです。しかし完成前夜にナチスが負けたことで、マンハッタン計画の人々の間では小さな地響きのような動揺が走った。完成したあと議論が始まります。これを使うということはどういうことなのか? 問題意識をもった人たちが集まり、ストレートな議論を始めます。オッペンハイマーも意見を求められました。その際のオッペンハイマーは、どう使うのかは自分たちの領分じゃない、というふうに考えるんです。実際にはもはや止められないかもしれないという予感ないし意識が彼のなかではたらいていました。少なくとも彼やボーアが望んだような形で核が機能することはないのだ、という諦念まじりの苦い感情を抱いていたんだと思いますが……。

マンハッタン計画は、映画のクライマックスに当たるトリニティ実験によって終わったのではなく、実際には科学者の手を離れていたとはいえ、日本に投下され、第二次大戦の終結により一先ず終わりを迎えます。オッペンハイマーは図らずも世界戦争を終わらせた稀代の英雄として祭り上げられ、とてつもない影響力と発言力を手にすることになります。もはや物理学の世界にとどまらず、軍事や政治、さらには人文系の学会からスピーチを依頼されるようになります。

英雄となった科学者は、軍や政府に好都合な愛国的なメッセージを発信するかと思いきや、核開発に反対するメッセージを打ち出すようになりました。とんでもないものを作ってしまった……。当初こそ物理学三〇〇年の結晶と原子爆弾を誇らしく感じていたのに、今はそれゆえ恥ずかしく、また後悔しかないという考えに変わっていきます。

今すぐ開発を止めないと、人類を破滅に導きかねない核開発競争がはじまる。終末をたぐり寄せるような軍拡競争にはしないこと、これこそオッペンハイマーがボーアと以前から話し合っていたことでした。実際には手遅れでしたが、それでもそちらに行かせないという意志がオッペンハイマーを発言へと突き動かしました。しかし、そっちに走った途端、アメリカは扱いにくい英雄を作ったことに気がついた。それこそ菅政権と日本学術会議の対立関係をさらに大仰にした構図ができあがったんでしょう。

「防波堤」を語るとしたら、そこしかないのかもしれません。危険な兵器の開発に携わった科学者がみずから「防波堤」たらんとして発言したわけですから。それでも止められなかったのは、結果を見れば明らかですし、彼の後悔もそのあたりにありました。物理三〇〇年の結晶と感じられた物体が存在し、人類の存続を脅かしているという紛れもない事実、もはやそれが作られる以前の世界には二度と戻れないという厳然たる事実、それらが彼の後悔を構成する内容だったと思われます。

その意味でわれわれは今もオッペンハイマーの時代にいるのです。われわれは図らずも彼の恥辱と後悔の同伴者であって、オッペンハイマー以前の時代には戻れず、かといってオッペンハイマー以降の世界に脱却することもできないのです。時代を画す当事者本人が当時もっとも強い発言力を駆使して、巨大な力の前に立ちはだかり、また時代の趨勢を変えるべく努力しましたが、彼が変えてしまった時代の波はもはや彼一人の力ではどうすることもできなくなっていたのです。

▼核による「抑止力」破綻の論理

本文と重なりますが、いわゆる核による「抑止力」論にふれておきましょう（第7講）。核が抑止力だという議論が成立する場面は、「相互確証破壊」（MAD=Mutual Assured Destruction）が保証される場面になります。それが何によって保証されるのかというと、敵が自分と同じ人間だということを互いにわかっている時であり、その時のみです。

使ったら両方とも斃れることがわかった上で銃を構えている状態ですから、相手が撃たないかぎり自分も撃たない。自分から先に撃つことはないことを、互いに了解してはじめて成立する議論なわけです。それゆえ、もしも相手がわけのわからない人間だと判明したら、その瞬間に「相互確証破壊」は土台から崩れ、相互破壊が避けられなくなります。

核不拡散条約は、安全保障理事国を筆頭とする大国が核を独占している状態を維持していれば、わけのわからない狂人が核を持つことはない、だからみんな、これに署名して、という趣旨の取り決めです。しかし、最初からその論理は破綻していました。というのも、絶対に署名しようとしない国が出てきますから。その国々は署名を拒否することで、核開発の野望を露わにする。インドやパキスタン、北朝鮮、イスラエルのように隠そうともしない国々もあれば、以前から疑わしい匂いを放っているサウジアラビアやミャンマーのような国もあります。それら非加盟国の存在が以前から「相互確証破壊」の土台を揺さぶってきましたし、昨今はロシアもその振る舞いから条約外の怪しげな国々の一つに格下げされそうな勢いです。

インドとパキスタンとの緊張を考えてもみましょう。一見「相互確証破壊」が成立しているようにも見えますが、明日にもその反証に転じかねません。危うい「相互確証破壊」はその破綻を内側に折り込んでようやく立っているかのようです。パキスタンには「カーン・ネットワーク」という、民間で核部品を売買するネットワークがあります。創始者カーンの死後、テロ組織がそこにアクセスして、核兵器の開発キットを購入したらどうなるでしょうか。国家未満の組織が核兵器の製造に成功したとき、国家としての主権をもたない集団とのあいだに「相互確証破壊」が成立するかというと、おそらく成立しようがない。この場合、最初から論理が破綻を来しています。

抑止力という言葉は、初期キリスト教の時代からあった用語で、終末の到来を遠ざけるという意味の言葉でした。この世の終わりをもたらしかねない核兵器を、それを遠ざけるための担保に使うというパラドックスが「相互確証破壊」の土台になっているわけです。つまり相互確証破壊という論理はそれを成立させると同時にその破綻をも保証する論理ともなるわけですから、端的に論理として倒錯しているんです。それが形而上学的な議論で済めばいいんですが、同じ論理が形而下の事実、つまり物理的事象として差し迫っているかもしれないというのが昨今の状況です。

▼大義名分の論理の果て

先ほども述べましたが、おそらくマンハッタン計画に従事した人たちは、原子爆弾をドイツ人を殺すための道具としてではなく、ナチスを倒すための道具として作ったと考えていました。この論理は実のところ巧妙に出来ています。というのも似たような理屈を今日、私たちはしばしば目にしているからです。

イスラエルは、われわれはパレスチナ人と戦っているのではなくて、「ハマス」と戦っているんだと言います。イスラエルが今、繰り返し使っている理屈は、マンハッタン計画に従事した亡命科学者たちがご託宣として抱いていた理屈と何ら変わりません。この用法の可能性は案外大きい。なぜなら似たような大義名分なんて、いくらでも作れてしまうからです。

たとえば、イスラエルが核兵器を使ったとしても、われわれはパレスチナ人に対して使ったんじゃなくて、ハマスに対して使ったんだという言い草を用いれば、マンハッタン計画の時代の議論は、今またゾンビのように甦り、今も現役ということになります。

また、ロシアのプーチンはずいぶん前から核を使うという脅しを使っていました。実際、脅しではなく実際にウクライナに核を使ったとしても、われわれはウクライナ人を殺すために使ったのではなく、ウクライナにいる「ネオナチ」を打倒するために使ったんだという言い方をするでしょう。ネオナチがいるかどうかなんて関係ない。ネオナチからロシア系住民を助けるためだとか、そういう屁理屈を使うのは目に見えています。実際、今や言語は地に堕ち、「言葉」が本当か否かなどどうでもよい世界に変わりつつあります。

情報社会を推進することでわれわれは物理的な真実の紛れもなさを屑籠に投げ捨てようとしています。今や、発言の真偽はもちろん、誰が言ったのか、本当に人が言ったものなのか否かの事実さえどうでもよく、神がかり的な妄想か幼児の喃語が神託の顔をして世界中を飛び回っているのが現状なんだと思います。

今や言葉や映像、動画も政治・軍事的なレトリックに過ぎなくなり、真実のない情報戦の時代に突入しました。実際に兵器を使って人を殺すかどうかする以前に、もう情報戦の渦中に誰もが投げ込まれ、われわれの「精神」や「魂」は侮られ、すっかり道具化されているんです。

ある意味、空中戦の主体が「たわごと」や「でたらめ」になったと言ってもいいでしょう。「でたらめ」や「たわごと」を英語で「ブルシット」と言いますが、昼間は仕事でブルシットジョブに勤しみ、仕事を離れるとスマホでブルシット情報に接続し、世界を分断するブルシットのゴミをせっせと収集しては、知り合いにばらまいている。二〇二三年の夏、パリにトコジラミが大量発生しているというデマがありました。ロシアから流されたデマだったといわれていますが、パリ・オリンピックを前に、パリに行くとトコジラミがいるから大変なことになるよ、というセコいウソを振りまいたわけです。この手の矮小な嫌がらせを含め、情報が武器や兵器として使われる時代になってしまいました。

世に蔓延する「ブルシット情報」に対抗し、安直な「善い悪い」の判断に陥らないためにも、私たちは自分の頭で考え、判断するための土台ないし地盤を確保しなければなりません。そのためには誰のものともしれぬ言葉に流されるのではなく、自分の目や耳で状況を確認し、誰が何を成し遂げ、今、何が進行中なのかを冷徹に見ていくことが求められます。その意味で、本書はもっとも基本的な材料だけを提供します。

第1講 亡命者たち

1 一九三〇年代ドイツ

第一次大戦後のドイツは、いわゆるワイマール文化が開花し、人々は自由と進歩の気風に彩られた時代を生きていた。パウル・クレーやワシリー・カンディンスキーなど今も愛されるバウハウスの芸術家たちが台頭したのはこの時代だった。もちろん優生学が徒花を咲かせ、反ユダヤ主義を標榜する愚かしい政党が力を付けつつあったとはいえ、人々は総じて新たな時代の空気を歓迎していた。

しかし、第一次大戦の敗北により蒙った賠償金はドイツの財政を延々と責め苛んでいることに変わりなく、そこに世界恐慌が追い打ちを掛けると、世界の構図が一変してしまった。妙にファッショナブルな制服に身を包み、エキセントリックな主張を繰り返すちょび髭の男を党首に戴く泡沫政党が次第に頭角を現わしつつあった。そのことを憂慮する人は案外少なく、大半の人たちは少しばかりたちの悪い冗談くらいに捉えていたにすぎない。ちょび髭にオールバックの党首、アドルフ・ヒトラーは、ドイツ国民の目には当初、新手のコメディアンか喜劇役者、あるいはサーカスの道化めいた存在のように映っていた。総じて人々は時代の変化に鈍感だったのである、——現代人と同様に。リーゼ・マイトナーの甥っ子であるオットー・フリッシュは当時を思い返して次のように述べている。

〔資料1〕三〇年代初めのハンブルグで、私は社会全体の危機的状況に殆ど注意を払わなかった。繰り返される政変と、ドイツ共和国の大統領にさせられた有名な将軍ヒンデンブルグの不適当さが種々の冗談の的となっているのを、皮肉な微笑みを浮かべながら、眺めていた。アドルフ・ヒトラーという男が演説をし、政党を旗揚げしたときも、注意しなかった。ヒトラーが首相に選ばれたときでさえ、私はちょっと肩をすぼめて、どんなものも料理したての熱さでは食べられないと思い、ヒトラーは前任者たちよりもそんなに悪くないだろうと思っていた。

もちろん、それは私の間違いだった。ヒトラーの反セム主義が単なる演説だけでないことがすぐに明らかになり、人種法が通過したとき、シュテルンは、私もユダヤ人であることを知ってたいへんな衝撃を受けた。シュテルン自身と、四人の協力者のうち三人までもがユダヤの生まれだった。シュテルンは職を離れなくてはならず、私たち三人も同様で、グループではひとりだけ、フリードリッヒ・クナウアだけがアーリア人だったので大学のポストに残ることができた。〔中略〕ヒトラーの法律が効力を持ったとき、ロックフェラー財団は遺憾の意を表しながら、このような状況では、これ以上奨学金を私に提供できないと連絡してきた。他の手段を探さなければならなかった。このとき、シュテルンが仲間のために、どんなにドイツ国外でポストを求めて奔走したか、私はよく覚えている。シュテルン自身はたいして困ってはいなかった。彼は個人的に裕福であり有名だったので、仕事を得るのに困難はなかったと思われる。〔中略〕この運命的な一九三三年の夏、シュテルンはパリに行き、マリー・キュリーが女王として君臨しているラジウム研究所で、私の職を探してみると言った。数週間後に戻ってきたとき、シュテルンは、マダムキュリーのところに私の仕事はなかったが、ロンドンのパトリック・ブラケットを説得して、私に職を提供させ、新しくイギリスに設立された学術援助協議会（後に、科学教育保護議会と改名した）が、当時としては過分な250ポンドの棒給を、私に一年間支給することになったと言った（オットー・フリッシュ『何と少ししか覚えていないことだろう』松田文夫訳、吉岡書店、二〇〇三年、六二–三頁）。

資料中の「反セム主義」というのは、通常「反ユダヤ主義」と訳される単語である。英語では「anti - semitism」と表記されるが、あえて直訳すれば「反セム語族主義」であり、中東で広く用いられている言語を母語とする民族への差別や反感を指す。もっとも広く知れ渡ったセム語系の言語はヘブライ語とアラビア語だろう。前者は旧約聖書の言語であり、後者はコーランの言語である。福音書（新約聖書）はギリシア語で書かれているから、言語それ自体はインド＝ヨーロッパ語族に属するが、一神教を掲げる三つの聖典はどれも中東からヨーロッパとのつなぎ目の辺りで生まれたことになる。エルサレムが三つの宗教に共通の聖地とされる所以でもある。因みに、イスラム教シーア派が大多数を占めるイランで用いられているのはペルシア語であり、ギリシア語やラテン語と同様、インド＝ヨーロッパ語族に含まれる。

さて、通常は「反ユダヤ主義」と訳され、そのように理解されている言葉に、「反セム語族」の意味があり、延いては反アラブ、反イスラムの含意が隠されている点は留意しておいてもよいだろう。

とはいえ、フリッシュの回想からもわかるとおり、一九二〇年代から三〇年代はじめのドイツでは反ユダヤ主義の風潮は稀薄で、誰がユダヤ人で誰が非ユダヤ人であるかは判然としていなかったし、当のユダヤ人自身、そのことをさして意識していなかった。自身や同僚がユダヤ人であるとわかり、意識するようになるのは、反ユダヤ主義が台頭して以降のことだった。第一次大戦後の不景気や世界恐慌の煽りを受ける形で、人々のあいだに不満が鬱積し、富をもつ者たちに対する根拠のない憎しみが募っていた。積もり積もった鬱憤が一方的な悪意となって、当時ヨーロッパの金融を牛耳っていたユダヤ資本に向けられた。募るばかりの反感は、やがて金融とは無関係な人々にまで向けられるようになり、地味な研究者や芸術家までが景気の悪化の元凶であるかのようにみなされた。

こうして、心優しい隣人たちがある日を境にして、悪意に満ちた眼差しを向け、陰鬱な動機を行為に変換するようになる。


〔資料2〕ユダヤの友人たちは、暗くなるとユダヤ人が殴られているので、夜は外出しない方がいいと警告した。ある晩遅く帰宅途中に、人通りのない通りで、足早の足音が追いかけてきたことを覚えている。私は反セム主義の暴漢が暴れているのではないかと不安になった。もちろん走って逃げ出したら、たちまち私の正体がわかってしまうだろう。私はそのままの速度を保ったが、足音はどんどん近づいてきて、とうとう私の横で止まった。ＳＡの制服を着た逞しい男だったが、帽子をとると、たいへん礼儀正しく私に挨拶をした。男は下宿の小母さんの息子だった。彼は、この予備軍へ加わらないと、法学を修了することが許されないのだと私に説明した。彼のようにナチスを嫌っている若者は多かったが、ナチスに加わらないわけにはいかなかったのだ。

強制収容所や、ユダヤ教会の放火や、暴行と拷問などの話が絶え間なく聞こえてきたが、全てはドイツの敵による単なる「恐ろしいプロパガンダ」であるとして、ドイツの新聞により強い調子で否定されていた。私の友人たちは、その話は真実だと言った。本当は、真実はもっと悪いものだった。しかし、私は、ドイツがそんなにも突然に恐ろしく変わり、全ての新聞が一貫して嘘をつき続けるとは信じられなかった（フリッシュ六四頁）。

フリッシュの文章からわかることがいくつかある。

一つはナチスの党員になった者たちがみなナチスを支持していたわけではないことである。フリッシュに声を掛けた人物は、学位のためにナチスの党員になったが、反ユダヤの気風にすらまったく染まっていなかった。

第二に、ユダヤ人に対する組織的な暴力をドイツのジャーナリズムが、敵によるプロパガンダだと主張していたことである。ドイツのジャーナリストが真実を知りながらそれを隠蔽したのか、本当に知らなかったのかはわからない。わかっているのは、ヒトラーが首相に就任して以降のジャーナリズムは完全にナチスに掌握され、政権の意のままになっていたことである。報道機関は政府の統制管理下にあったから、記事が真実なのか宣伝なのかは誰にもわからなかった。いつの間にかドイツ市民は事実とプロパガンダが識別不可能になった世界に足を踏み入れていた。

それゆえ第三点として、いわゆる「無知の無知」が蔓延することになった。すなわち、真偽の境界が不可視となった「現実」の世界では、人々が「まさかそんなことが起こるはずはない」と否定したうわさ以上のことが実際に起きてゆくのだが、政権の中枢にいる数名を除いて誰にも起きている事柄の真偽はもちろん、その全貌をつかむことはできなかったのである。

2　亡命者たち——ユダヤ人知識人としての

(1)　アルベルト・アインシュタイン

引き続きフリッシュの自伝から印象的なエピソードを引いておこう。

〔資料3〕私はアインシュタインに一回だけ会ったことがある。大学の入り口のホールで、リーゼ・マイトナーが急に私をとどめて、「こちらがアインシュタイン教授よ、貴方を紹介しましょう」と言った。私は急いで右手の本の山を左手に移し、手袋を脱いだが、その間、アインシュタインは手を差し出したまま、いつもの形式ばらない全くリラックスした様子でじっと待っていた。しかし、アインシュタインはかなり深刻な苦しみの中にあり、私はそれに気がつかなかった。アインシュタインは彼の理論を理解しない大勢の人々によって偶像化されていたが、まさにその同じ理由と、増大する反セムの風潮により、同僚の何人かから悪意のある攻撃を受けていた。海外から心引かれる招待を受けていたが、アインシュタインの友人たち、なかでも一九一四年にベルリンへ来るように説得したマックス・プランクとワルター・ネルンストは、熱心に自分たちのもとを去らないように懇願していた。アインシュタインをドイツで最も偉大な物理学者だと本当に認めている、そのほかの人々もそうだった。しかし、一九三二年の暮れ、ヒトラーが権力を握る直前にアインシュタインはついにドイツを去って行った。

後年には、アインシュタインはいつもタートルネックのセーターを着ていた。実際、アインシュタインはあらゆる形式的なことを嫌い、そのために、ヒトラーが権力を握った後、イギリスに留まらずアメリカに渡ってしまったと、私は聞いた。国を上げて大歓迎していることを示すために、イギリスの友人たちはアインシュタインをパーティに招待し、誰もが燕尾服とタキシードを着て、制服の召使による食事でもてなした。アインシュタインは、このように大量の形式的なことが行なわれる国にはおそらく住むことができないと感じた。イギリス人のもてなしは全て完全に逆効果だったわけである（フリッシュ四一－三頁）。


この資料にはアインシュタインの飾らない人柄や、形式や地位関係にとらわれないボヘミアンの気風を見て取ることができる。実は私も形式的な場が苦手で、暗黙裡に礼節を要求される空気が嫌いなので、彼が逃げるようにイギリスを離れたときの気持ちはよくわかる。

アメリカに渡ったアインシュタインの動向については、また触れる機会があるだろう。

(2) ジグムント・フロイト（一八五六－一九三九）

フロイトはオーストリアのウィーンに生まれ育ち、愛憎半ばするその地を離れる気にはなかなかなれなかったようだ。しかし一九三三年、ナチスが実施した焚書の標的にされると、精神分析の祖である彼をめぐる状況も一挙に険しくなった。弟子たちはみな国外に亡命して行ったが、彼は頑なまでにウィーンにとどまろうとしていた。

当時、ドイツ精神療法学会および国際精神医療学会の会長の座にあったのは、『体格と性格』や『天才の心理学』で有名なエルンスト・クレッチマーだったが、彼は間もなくナチスと衝突し、会長の座を降りてしまう。その代わりに新たに会長に就任したのは、かつてフロイトと蜜月の関係を築きながら離反した高弟、カール・グスタフ・ユングだった。のちにフロイト派の人々は、この就任劇を「裏切り」と非難し、ナチスのお先棒を担いだと口汚く非難することになるが、ユング自身はフロイトの身を案じ、国内および国際学会の会長の立場を利用して亡命に手を貸すつもりだった。ところがフロイトはユングの申し出にも頑として耳を貸さず、なお故郷の地にとどまろうとした。間もなく、ナチスにより精神分析用語の使用禁止が通達されるが、この一件も、さすがに濡れ衣であるとはいえ、ユングが後年までフロイトの弟子たちから恨みを買う要因となった。

一九三八年、ナチスはオーストリアに侵攻すると、ウィーンにある精神分析出版所の全財産を没収してしまう。同年三月十一日、上顎癌で病床にあったフロイトをゲシュタポが家宅捜索し、その一週間後、フロイトの看護をしていた娘のアンナが人質に取られてしまう。周囲の人々は粘り強く亡命の説得を続けるものの、フロイトは何があってもウィーンを離れず、そこに骨を埋めるつもりだと言ってきかなかった。しかし刻々と体調は悪化し、癌の進行のため心身はボロボロの状態になっていた。なんとか説得に成功し、ナチスに出国許可を申請するものの許可が出るのに三カ月を要した。

同年六月六日、ようやく一家でロンドンに発ったが、ウィーンに残った妹四人は収容所で殺害されてしまった。臨床心理学の大立者としてイギリスでは大歓迎を受けるものの、すでに末期になっていた病気はその後も進行を緩めず、翌三九年九月二十三日に生涯を閉じた。享年八三であった。

(3) ハンナ・アーレント (一九〇六－一九七五)

ハンナ・アーレントは、カール・ヤスパースに師事し、マルティン・ハイデガーと密な関係にあった哲学者である。ヤスパースは精神科医として卓越した著作を物して名を成したあと、哲学に転じたユダヤ系の研究者だった。ハイデガーは戦後、親ナチス的な姿勢を糾弾され、それを否定したが、実際にはナチスの中でももっとも急進的な派閥を支持していた。比較的早い時期にナチスと袂を分かったのは、ナチス幹部が当初の理念を曲げてドイツの財閥など各界の実力者との関係を強めていったことに起因するらしい。変節のために心が離れたのだから、むしろハイデガーはピュアなナチのシンパであったことになる。だからこそ二人の関係が余計に興味深く感じられるのだ。なにしろ、ナチスの思想的な急先鋒の一派に共鳴していた哲学者とユダヤ系の、それも女性の思想家の心が、たとえ一時的にであれ通じ合っていたことになるのだから。二人ともこの時期の関係については戦後も頑として語ろうとしなかったし、再会しようともしなかったので、一切は謎のままである。とはいえ二〇世紀を代表する二つの知性がどのように結びつき、また離れていったのかは未だ興味深いテーマではあるだろう。

ナチスが政権獲得に動いていた頃は、ハイデガーが急速にナチスに接近していった時期に当たり、それはまたユダヤ人への迫害が熾烈を極めようとする頃でもあった。アーレントは当時、反ユダヤ主義の資料収集に奔走しながら、ドイツから他国への亡命を試みる人たちを援助する活動に従事していた。このときに収集した資料はのちに、あの恐るべき大著『全体主義の起源』の材料になったと思われる。

アーレントがパリにいた時代にはヴァルター・ベンヤミンと一緒に英語の勉強をしたりと、かなりの期間にわたって行動をともにしていたらしい。ぎりぎりまでフランスにとどまったベンヤミンは、やがて行き先を失い、スペインとの国境近くで命を絶つが、アーレントは四〇年にフランスがドイツに降伏すると見るや、翌四一年にはアメリカに亡命している。一九五一年には市民権を獲得し、バークレー、シカゴ、プリンストン、コロンビアの各大学において教授や客員教授を歴任することとなった。

3　エビアン会議（一九三八年七月）

ナチスがユダヤ人への迫害を開始して五年半の歳月が過ぎようとしていた頃、いよいよ露骨さを増す迫害政策も多くの人に知られるところとなり、欧米諸国は高まりつつある世論をいよいよ無視できなくなってきた。厳しい声に推されるようにして、三二カ国の代表がフランス・エビアンで開催されたユダヤ人問題に関する会議に参集した。代表者たちは、たとえばキリスト教的見地から、たとえば人道主義的見地から、ユダヤ人を救済するために一致してナチスの政策を阻止すべし、と口々に熱弁を振るった。そして、みんなで難民を受け入れよう、と大げさな身振りで旗を振ってみせたものの、どれもこれも空理空論に終始し、具体策は何もなかった。

会議に参加した代表たちはみなきれいごとばかり並べるが、本音はみなユダヤ人の救済を他人まかせにし、自分は尻込みしている状態だった。本音を言えば、率先してユダヤ人を受け入れるつもりなど毛頭ないというわけだ。実際に会議後、アメリカとフランスは移民法の条件を緩めるどころか、逆に移民制限をより厳格化していった。

スイスにいたっては、ユダヤ人の不法越境が増加していることに関して、ナチスに強く抗議するという始末だった。この抗議がユダヤ人の出国をより困難にし、彼らを国内に釘付けにすることになるのだから、スイスは抗議することによって却ってナチスの迫害を支援してしまったも同然だった。

イギリスのチェンバレン首相は、わざわざ「ユダヤ人を受け入れることによって、国内の反ユダヤ主義が強まるのを恐れる」とのたまって、受け入れに消極的な姿勢を示した。まるでチェンバレンの言葉を待っていたかのように、ナチスの外相リッペントロップは「我々がドイツからユダヤ人を放逐しようと思っても、受け入れてくれるところがどこにもない」と、わざとらしく嘆いてみせる始末だった。もちろん、ナチスにとって、これら欧米各国の反応は予測されていた事態であって、ユダヤ救済のラッパは鳴れども誰も実際には動かない、という体たらくだった。まさに国際社会の全体がヒトラーの思う壺になったのである。

ユダヤ教会が焼き討ちに遭い、ユダヤ人の経営する商店のウィンドウが砕かれ、路上に飛び散ったのは、エビアン会議の四カ月後だった――いわゆる水晶の夜である。

迫害が目に見えて広がり、激しさを増す中、ユダヤ人の国外脱出は増えてゆく一方だった。隣国フランスはユダヤ人を受け入れるどころか、反対に受け入れ防止の手を打つ。するとイギリスのチェンバレン首相は（例のように、と言うべきか）よせばいいのに余計なことを言い出す。自分のことは棚に上げて「フランスはもっと受け入れるべきである」。チェンバレンのメッセージに対してフランスは「我々はすでに受け入れすぎた。もう一人たりとも入国させられない」と応じ、すでにフランスに入国しているユダヤ人たちをドイツに送り返す方針を発表したのである。

フランス史上でももっとも悪名高い政権の一つ、ヴィシー政権のラバル首相はドイツをバックにした反ユダヤ主義をむしろ利用してフランスの再建を図り、「同化しないユダヤ人は、フランスの中に別に国家を築いて我々を滅ぼそうとしている」などという埒もない台詞を平然と言い放った。もはやナチスの傀儡政権にほかならないことを証明するかのように、一九四一年には自国のユダヤ人から財産の没収を宣言することになる。いわゆる「アーリアニザシオン」である。直訳すれば「アーリア人化」だが、その内実はユダヤ人が貯め込んだ財産を非ユダヤ人、つまり「アーリア人」という名のフランス政府が強奪し、我が物にするということである。さらに嘆かわしいことにはフランスを占領しているドイツSS将校との会合において、恥知らずにも次のように述べた、――「反ユダヤ主義のアクションという点では、我々フランスのほうがあなた方ナチス・ドイツよりも先輩である」。

このような状況から見るべきなのは、ユダヤ人を襲った悲惨は、ヒトラー個人に帰すことなど到底できず、むしろ各国の指導者を含め、多くの政権、多くの人々のさまざまな行為が参画して初めて可能になったということである。フランスのレジスタンスの中枢にあって、占領下フランスの指導者たちの姿を見ていたジャン・ポール・サルトルは次のように述べている、――「私はユダヤ人の組織的迫害計画を、単なるヒトラーの狂暴性のおそるべき結果として片づけることはできなかった。／このような反ユダヤ政策がフランスにおいて可能だったのは、多くのフランス人が何も言わずにのんびりと『共犯者』となっているからであって、さもなければとてもありえないことだと、毎日毎日いやというほど思い知らされたものだった。／それに、一九四二年のユダヤ人一斉検挙を行なったのは、ほかならぬわがフランス警察であることや、『真性フランスのフランス人』たるラバル首相が、ユダヤ人追放に関する命令書に『子供を含む』と書き込んだ事実を忘れることはできないのである」（サルトル編『アラブとイスラエル』サイマル出版会）。

アメリカに目を向けると、一九三九年六月に「スミス法」が制定され、これにより外国人受け入れの取り締まりも強化されることとなった。スミス法制定の二年後、一九四一年十一月には「ラッセル法」が制定され、それによりビザの発行が制限され、その結果、ヨーロッパのアメリカ出先機関は事実上、機能停止に陥ることとなってしまった。

ナチスは当初、ユダヤ人が自由に国外逃亡するのを黙認していたが、それを禁ずるために引いたデッドラインは一九四一年八月であり、実施は十月下旬に予定されていた。したがって、アメリカが定めた二つの法令は、これから出国しようとするユダヤ人の足を二重に縛り、出国の動きを封じることとなった。ナチズムの犠牲者たちをどうカウントしてもかまわないが、総死者数の幾ばくかは周辺諸国の非寛容によって生じたものだと断定してもやりすぎではないだろう。各国の非寛容とユダヤ人団体の関与がなければ、あれほどの数を抹殺することは決してできなかった。

4　亡命者たち（続き）

（1）エンリコ・フェルミ

すでに何度か名前が出ているフェルミだが、まずは資料に目を通してみよう。

〔資料4〕一九三八年七月十四日、イタリア政府は、「マニフェスト・デッラ・ラッツァ」と呼ばれている反ユダヤ人法を制定した。これはナチスの悪名高いニュルンベルク法の焼き直しであって、この法令は、ユダヤ人があくまでも概念上のカテゴリーであるアーリア・イタリア人とは異なった人種であることを証明しようとする偽造された科学に依拠したものだった。〔中略〕いずれにせよユダヤ人は、いかなる意味合いにおいてもほかの人たちと変わったところなどなく、ユダヤ人がまったく住んでいない地域もあった。それを例証する話を一つご紹介しておこう。シチリア島の小さな都市のある市長が、そのほかの市長と同じように、新たに制定された法律を遵守してユダヤ人を隔離するよう指示する一通の電話を受け取った。市長はローマにすぐさま返電を打ったのだが、その文面とは、「了解した。だが、ユダヤ人とはいったいどういったものなのか？　見本を送っていただきたい」というものだった。

ラウラ・フェルミは、ユダヤ人家族の出身だったが、ラウラとエンリコは、子どもたちをフェルミ家の宗教であるカソリック教徒として育てた。したがって、エンリコと子どもたちの身に危険が及ぶ恐れはなかったのだが、ラウラについては必ずしもそうとは言い切れなかった。事実、ナチスが一九四三年九月にイタリアを領有すると強制移送が始まり、一九四三年十月にはローマに住んでいた一〇〇〇人以上のユダヤ人がアウシュヴィッツに送り込まれた。一九三八年に政府が人種法を制定したとき、フェルミはその非道に憤激したのだが、家族の安全と安寧を脅かすような行動をとる意図はもっていなかった。フェルミは国外、とりわけ合衆国に職を求めようとしていた（アミール・D・アクゼル『ウラニウム戦争』久保儀明・宮田卓爾訳、青土社、二〇〇九年、一三三－四頁）。

この資料を読んでいて思わず笑いを催してしまうのは、シチリア島の市長の台詞だろう。イタリアで反ユダヤ主義が稀薄だったというだけでなく、反ユダヤ主義が吹き荒れる時代に、ユダヤ人という概念すらまったく根を下ろしていない地域があったということを、陽気な笑いと驚きをもって知ることができた。それゆえ、フェルミの憤慨に関しても、特に政治的なものと考えるにはおよばない。おそらくはもっと素朴なところに根ざしていた。反ユダヤ主義が意識に根付いていないところに忽然と現われた反ユダヤ政策が理詰めの物理学者であるフェルミに怒りを覚えさせたのは、そもそも無理もない話だったのだ。アインシュタインの逸話を思い出すまでもなく、何事も理詰めで考えるタイプの人間が根拠も因果関係も定かでない「差別」政策に憤りを覚えるのは至極尤もな話であって、彼がファシズムを嫌ったのもお仕着せの形式主義に反感を抱き、反射的に唾棄するのと大して変わらなかった。

妻の件はもちろん、ファッショの波に危機感を感じていたフェルミは早速、一計を案じ、ノーベル賞の授賞式を利用してイタリアを出国し、そのままアメリカに亡命しようと企てることとなった。

〔資料5〕妻ラウラがユダヤ人だったため、これらの人種差別法によりフェルミはイタリアを出る決意をますます強めた。それまでの十年の間にフェルミは夏期休暇を利用して何度かアメリカの大学を訪れており、訪れるたびにアメリカへの移住に魅力を感じるようになっていた。アメリカ人とアメリカ人の考え方は好ましかった。実は、すでにアメリカのいくつかの大学に招聘してもらえるよう依頼し、まもなく承諾の返事も受け取っていた（イタリア政府当局には、半年だけアメリカへ行くと伝えた）。そこで、ストックホルムで開かれるノーベル賞受賞式の後、そこから直接アメリカへ向かうことにした。

こうした準備は無駄にはならなかった。一九三八年十一月十日の早朝、その日の夕方にストックホルムからかかってくる電話を待つように告げられたのだ。その日フェルミは仕事を休み、ラウラとふたりで時計などの貴重品を買いに行った。彼らの出国を予期しているイタリア政府当局に怪しまれずにもち出せそうな貴重品である。夕方になり、電話を待つ間、ふたりでラジオを聞いていると、いくつもの苛酷な反ユダヤ人政策のニュースが流れていた。ユダヤ人の子どもを公立学校から締め出す法律、ユダヤ人の教師を減らす法律、冷酷な、そして愚かな法律をつぎつぎにラジオは伝えていた。そのとき、電話が鳴った。スウェーデン王立科学アカデミーの秘書官が表彰状を読み上げ、ときおりある共同受賞ではなく、受賞者はフェルミひとりであると告げた。それからすぐ友人たちがやって来て、エンリコとラウラを祝福し、ラジオで聞いた悲しいニュースを忘れさせてくれた。

一九三八年十二月十日（ノーベルの没日）、スウェーデンのグスタフ五世からフェルミにノーベル賞が授与された。〔中略〕イタリア政府は、王がフェルミに賞を授与するときに、フェルミが片腕をまっすぐに伸ばしたファシスト式の敬礼をすることを期待していた。しかし筋金入りの反ファシストのフェルミがそんな仕草をするはずもなく、彼はごく普通に王の手を握っただけだった（ダン・クーパー『エンリコ・フェルミ』梨本治男訳、大月書店、二〇〇七年。六一－二頁）。

日本に暮らす者として残念に思うのは、第一にフェルミの妻がたまたまユダヤ系の人物であったことであり、第二にイタリアが大した考えもなしに人種差別的な法律を次々に制定したことである。それら二つの条件が揃わなければ、フェルミが他国に亡命する企てなど考え出すはずもなかった。にもかかわらず、フェルミがアメリカへの亡命を決意したことにより、我々が「もしも……」と言いたくなるのは、それらの条件が揃わなければ、決して広島にも長崎にも原爆が落とされることはなかったと確信をもって断言しうるからである。

しかし、事実は我々が反射的に「もしも」と仮定したくなる現実とは異なる経路を辿って進むことになる。

〔資料6〕授賞式の後、フェルミとその家族はコペンハーゲンにボーアを訪ね、そこからひとまず英国に向かい、サウサンプトン港からフランコニア号に乗船し、ニューヨークに向かって旅立った。だが、フェルミが中性子の衝撃によって生成された超ウラン元素について語っていたとき、それとはまるで異なった、また、まったく予期していなかった結果がベルリンにおいて得られ、分析されたのだ（アクゼル『ウラニウム革命』一三七頁）。

アクゼルが簡潔に述べている内容は、複雑な内容を含んでいる。フェルミのノーベル賞受賞は、超ウラン元素の生成と発見だった。しかし、その発見は束の間の夢でしかなかった。実際に起きていたのは超ウラン元素の生成などではなく、核分裂反応だった。フランスのジョリオ＝キュリーのチームはそれを観測していながら、困惑するばかりで、なす術がなかった。リーゼ・マイトナーと引き離されたオットー・ハーンはジョリオ＝キュリー・チームを反駁するつもりが同じ結果に至り、こちらも混迷を極め、頭を抱えるばかりだった。おそらく、フェルミが授賞式を隠れ蓑にしてアメリカに向かう途上にあった頃だろう、——スウェーデンに逃れたマイトナーの許を甥のオットー・フリッシュが訪れ、雪道を歩きながら、核分裂のアイディアに到達したのは——。

マイトナーの発見はいち早く甥のフリッシュがコペンハーゲンに持ち帰り、当時、ボーアの研究室を訪れていたアメリカ出身の生物学者に「生物学では細胞分裂って、なんて言うんだっけ?」と質問して得られた「fission」という単語を使って「nuclear fission」と命名された。そして、フリッシュが持ち帰ったニュースは渡米を直前に控えたニールス・ボーアに伝えられ、非公式の形ながら、ボーアがアメリカに核分裂発見のニュースを伝え、アメリカに到着直後のフェルミがそのニュースを知人から聞いた、というのが正確なストーリーである。

「もしも」の仮定をいくらでもしていいなら、こうも言うことができる。もしもマイトナー＝フリッシュによる公式発表前の業績を頭に詰め込んだボーアがアメリカを訪れるのがもう少し遅かったならば、もしくは、ボーアの許を訪れるフリッシュのタイミングがもう少し遅く、すでにボーアが旅立った後だったならば、やはり原爆は日本に落とされなかったであろう。しかし、残念ながらと言うべきかもしれないが、人々の行動は「もしも」が実らない方向に収束し、もっとも残酷な事実に結実したことを歴史が教えてくれる。

(2) ヴァルター・ベンヤミン(一八九二―一九四〇)

ベンヤミンがフランス・パリに亡命したのは一九三三年三月のことだった。

もしもナチスに何らかの文化的貢献の要素があったとすれば、ユダヤ人迫害によりベンヤミンがフランスに逃亡したことを真っ先に挙げるべきだろう。ジョルジュ・バタイユとピエール・クロソウスキーにニーチェの重要性と真髄を伝授したのは、誰あろうベンヤミンであったと伝えられている。フランクフルト学派の知を伝授したのも彼だったが、アドルノやマルクーゼなど同派の他の研究者とは異なり、ベンヤミンは主義主張や論理的な整合性に拘泥するよりも、センスのかたまりが街を闊歩し、文化を謳歌するようなタイプの書き手だった（パサージュ！）。何よりフランスにおける戦後のニーチェ研究がクロソウスキーの『ニーチェと悪循環』やジル・ドゥルーズの『ニーチェと哲学』および『差異と反復』に結実した背景にベンヤミンの逗留があったということだけでも記憶にとどめておいてほしいものである。

彼は大戦前夜になってもパリにとどまっていた。一九三九年九月から十一月のあいだ、ベンヤミンは開戦にともなって敵国人としてヌヴェール郊外の収容所に収監されてしまった。一九四〇年、パリが陥落する直前に街を逃れ、ルルドに向かうが、八月はじめに非占領地域のマルセイユに移動し、そこでアメリカへの渡航を企てるも、すでに外国人の受け入れ制限が始まり、出国ビザは下りない状況となっていた。致し方なく非合法的な手段に訴え、徒歩でスペインへの入国を企てるが、こちらの策もポルボラであえなく入国を拒否されてしまう。八方塞がりの状況に絶望したのかもしれないが、ベンヤミンは大量のモルヒネを服用し、その翌日に死去する。おそらくタイミングが少しだけ遅れたにすぎなかったのだろう。紙一重で盟友のアレントは渡米に成功し、ベンヤミンは取り残され、死を選ぶしか残された手がなかった……。

(3) ニールス・ボーア(一八八五－一九六二)

名声および影響力という点で、ボーアはおそらくアインシュタインと双璧をなす二〇世紀物理学の中心人物であった。パブリックとプライベートの区別なく、四六時中物理や数学について議論するスタイルはボーアがヨーロッパに広めたと言って過言ではない。物理の最先端を知ろうとすれば、ボーアの研究所への行脚をするのが事の倣いとなっていた。その研究所、すなわちコペンハーゲン大学にニールス・ボーア研究所が設立されたのは一九二一年のことだった。彼がノーベル物理学賞を授賞したのはその翌年に当たる二二年のことである。

ボーアは、一般にコペンハーゲン学派を導いた指導的人物と評されているが、実際は世界中から人材が集まり、活発に議論を交わし、指導を求めていたわけだから、二〇世紀前半の量子力学の専門家のほとんどはボーアの弟子に当たると言っても過言ではない。

なかでもボーアがもっとも期待し、かわいがり、信頼していたのは、不確定性原理で有名なヴェルナー・ハイゼンベルクだった。

〔資料7〕敵対する両陣営に引き裂かれた科学者どうしが連絡を取りあうことなどめったになかった。そのような珍しい対面の一つが、一九四一年九月後半、ハイゼンベルクがナチス占領下のデンマークまでボーア（イギリスとアメリカが共同して、核爆弾を製造するプロジェクトを進めていたことはまったく知らなかった）に会いに行ったときに実現した。この緊張をはらんだ会談は、二人の当事者のあいだでまったく異なるものとして記憶され、また、まったく異なる解釈がなされた。劇作家のマイケル・フレインは、このときの二人の議論を元に、『コペンハーゲン』という戯曲を六〇年後に書いた。この戯曲は会談の当事者たちの意図を探ろうとすればするほど真の意図はますますあやふやになっていくように思えるという、不確定性原理のメタファーになっている。二人が何と言ったのか、正確に知ることは永遠に不可能だろうが、彼らの会談が至った一つの帰結ははっきりしている――二人の友情が、修復不可能なまでに損なわれたのだ。

ボーアともハイゼンベルクとも連絡を取りあっていなかったディラックは、そんな会談のことなどまったく知らなかった。二人が会っていたとき、ディラックはケンブリッジで新学期の準備をしていた――三カ月前にスターリンと結んだ不可侵条約を一方的に破棄し、ヒトラーがソビエト連邦に侵攻しはじめたというニュースを、不安な思いで読んでいたことは間違いない。カピッツァは、今やヒトラーの照準のなかに入っていたのである。七月三日、不可侵条約が破られ、スターリンが連合国側についた数日後、カピッツァはディラックに電報を送った――戦争のあいだにディラックが彼から受け取った数少ない手紙類の一つである。

われわれの二つの祖国が共通の敵と戦っている。この緊張の時に、わたしは君に友情の言葉を送りたいと思う。すべての科学者が力を合わせれば、野獣のような力で、ドイツにおいて自由を破壊し、科学的思考の自由を蹂躙し、さらに全世界において同じことをしようとしている不誠実な敵を破って勝利することに、大いに貢献できるはずだ。すべての人々の自由のため、われわれの二つの祖国にとってこの上なく大切な科学的思考の自由のために、完全な勝利を収めんとして戦うという志において団結するすべての友に挨拶を送る。

戦争の後半になってディラックが珍しくカピッツァに手紙を書いたとき、彼はこれと同じくらい見事な言葉を用いずにおれなかった。二度目のスターリン賞受賞に「心からおめでとう」と伝えたのに続いて、「今この世界をすっかり闇にしている、ヒトラーというとほうもない脅威がすぐにも撃破されることを」望むと綴ったのだった（グレアム・ファーメロ『量子の海、ディラックの深淵』吉田三知世訳、早川書房、二〇一〇年。四〇一 - 二頁）。

この資料は、イギリスの物理学者、ポール・ディラックの評伝から採ったものなので、ディラックという人物が頻出しているが、要点は前半のボーアとハイゼンベルクの不幸な結果に終わった会談と、体制の違いによって親交が崩れなかったディラックとカピッツァの絆との対比である。

戯曲『コペンハーゲン』の題材にもなった二人だけの対話の中身（とその真偽）については、

もはや知る由もないが、少なくともわかっているのは、この会談以降、ボーアは二度とハイゼンベルクに会おうとはしなかったことである。そして、非ユダヤ人であったから当然といえば当然でもあるのだが、祖国に忠誠を誓い、ドイツを離れるどころかナチスに協力的だったことにより、ハイゼンベルクはかつての友をほとんど失い、戦後になっても孤立を深めることとなったのである。戦前と変わらず、ハイゼンベルクを生涯の友として親しくしていた人物、それがポール・ディラックである。

余談になるが、ディラックとハイゼンベルクは世界一周の船旅を二人で決行したことがあり、その途中で日本に立ち寄り、京都大学で連続講演を行なった。その聴衆の中に湯川秀樹や朝永振一郎がいて、間もなく二人の旅人が行なった講演の内容も翻訳・出版された。以降、日本の物理学が飛躍的に発展し、多くのノーベル賞学者を排出した発端に、ディラックとハイゼンベルクののんびりした船旅があったことを指摘して、今回の講義の幕を閉じることとしよう。

第2講　マンハッタン計画

1　レオ・シラード（一八九八－一九六四）

レオ・シラードはハンガリー出身の亡命ユダヤ人として知られているが、彼が生まれた頃はまだハプスブルク家が支配するオーストリア・ハンガリー帝国だった。

ハンガリー出身の著名人といえば、やがてマンハッタン計画にも従事するジョン・フォン・ノイマン（一九〇三－一九五七）がつとに有名であり、戦後、水爆の製造に邁進し、米ソの軍拡競争を激化させたエドワード・テラー（一九〇八－二〇〇三）もいる。経済学者として、また経済人類学の始祖としても著名なカール・ポランニーもハンガリー出身である。それら個性的な面々と比較しても決して見劣りすることのないシラードのやや大雑把な履歴を見るところからはじめよう。

〔資料1〕レオ・シラードは自らの人生に高遠な目標を抱いていた。彼は、科学者になるために、世界を救うために、この世に生を享けたと信じていたのである。シラードは、科学者として着実に実績を積み重ねていったのだが、それを成熟させようとしていた矢先に騒乱の時代を迎えたことによって、研究活動を一時的に中断せざるをえなかった。一九三八年に合衆国に移住したシラードは、ドイツが原子爆弾を手にする前にその開発に着手すべきだと合衆国政府に強く働きかけた（アクゼル『ウラニウム革命』一七五頁）。

シラードは戦後、アインシュタインやバートランド・ラッセルらとともに平和運動に奔走することになるが、同じハンガリー出身として行動をともにしたエドワード・テラーは対照的に戦後、米軍の中枢に居座って核開発や防衛計画の中心人物になる。ハンガリー人に才気あふれる変わり者が多かったのはまちがいない。シラードのモットーは「不誠実であるよりは無神経であること」だというから、彼の奔放な生き方はモットーを地で行くものだったのだろう。彼は一九一九年、ユダヤ教からプロテスタントに改宗するが、反ユダヤ感情が高まってゆくにつれ、ハンガリーを追われるようにしてベルリンに赴く。

一九二二年、シラードは熱力学第二法則を系の変数の揺らぎへと拡張する論文によって博士号を取得する。熱力学の第一法則はいわゆるエネルギー保存の法則であり、第二法則はその裏面とも言うべきエントロピー増大の原理である。エネルギーが局所的に高い状態、つまりエネルギーのばらつきだが、そうした物理的・化学的な偏りを「ゆらぎ」と言う。熱をはじめとするエネルギーの非平衡状態が時間の経過にしたがって均され、平衡状態に達することを第二法則は告げていた。熱力学はボルツマンによって統計力学へと刷新されたが、シラードの学位論文もまた統計力学や量子力学の視点から「ゆらぎ」に関わる理論研究だった。

一九二五年になると、彼はマックス・フォン・ラウエの助手に採用され、私講師（日本で言う「非常勤講師」のドイツ版だが、雇用形態はやや異なる）になる。彼のユニークなところは、物理の私講師をしながら他の活動にも手を染めていたことにある。マイトナーの実験の手伝いもしていたが、こちらに関しては特に意外性はない。面白いのはH・G・ウェルズのSF小説のドイツ語訳を出版している点だろう——彼が物理学者にして、ウェルズの翻訳者だったことが後の経歴の伏線になってゆく。さらにシラードは日本でも一定の勢力を持っていた左翼運動の一派「ブント」の組織化にも関わっていた——こちらは戦後の平和運動の伏線になるかもしれない。

一九三三年にナチスが政権を握ると、シラードはすべての荷物を二つのスーツケースに詰め込んで旅支度を済ませたという。三月末にヒトラーの独裁が実現すると、すぐにオーストリア行きの列車に飛び乗った。幸い、その日は国境で非アーリア人の取り締まりが開始される前日だった。

ウィーンに滞在していた四月にユダヤ人の公職追放のニュースを知る。イギリスに滞在中、シラードはケインズとも親交のあった経済学者、ベヴァリッジと知り合うと彼を焚きつけて亡命学者への職業紹介所の設立を促した。シラードの大胆な勧めが甲斐あったのか否かはともかく、ベヴァリッジたちは間もなくロンドンの「学術支援評議会 Academic Assistance Council：ＡＡＣ」を設立することになる。

その頃、シラードは才能の限界を悟ったのか、あるいは関心の在り処が変わったのか、生物学に転向しようと考えていたが、その矢先にあることが起こる。


〔資料2〕一九三三年九月十一日付けの『ネイチャー』誌には、アーネスト・ラザフォードが「英国学術振興協会」でおこなった講演が掲載されていたのだが、そのなかでラザフォードは、「一部の研究者たちは、原子の変換がエネルギーを生み出すと考え、そのような研究ととり組んでいるが、そういう発想は何一つとして根拠のない単なる憶測にすぎない」と述べていた。

ラザフォードのこの言葉を、一流の物理学者にあるまじき発言だと考えざるをえなかったシラードは、それとは逆の方向に思索をめぐらせようとした。ある日のこと、ロンドンの街を歩いていて交差点で信号待ちをしていたシラードの頭に一つの発想が閃いた。「ある元素が中性子によって核分裂を引き起こし、その原子が一つの中性子を吸収したとき二つの中性子を放出するとして、その元素がじゅうぶんな大きさの質量を形成していれば、核分裂の連鎖反応を持続させることができるのではあるまいか。」

それは、フェルミ、マイトナー、ハーン、シュトラスマンによる具体的な研究に先行する純粋に論理的な思索の一つの成果であり、そうした意味合いからすれば、シラードは連鎖反応という発想を先取りしていた。だが、シラードはその主題をさらに深く追究しようともしなかったし、それに関する論文を執筆しようともしなかった。シラードはそれについて、こうした連鎖反応によってエネルギーを放出され、それを発電や爆弾の製造に利用できるのではあるまいかという概念が「ある種の強迫観念となって脳裏を去らなかった」と回想している。

シラードはさらに歩を進め、ベリリウムがそうした元素の一つではないかと推測した。ベリリウムが核分裂を引き起こしたとき、その原子核が吸収するよりも多くの中性子を放出すれば、それは連鎖反応を引き起こすと推論したのである。いずれにせよ、時代に先駆けて思考を巡らせるとともに人間倫理のあり方に強い危機感を抱いていたシラードは、すでに核戦争の可能性を危惧しており、一九三四年という早い段階において連鎖反応の特許を申請し（英国特許番号440023、出願日一九三四年三月十二日、及び特許番号630726、出願日一九三四年六月二十八日）、それを英国海軍本部に譲渡したと語っている。

連鎖反応は、そのプロセスの可能性が理論的に証明され、実験によってその事実が追認されるはるか以前にその特許が英国において申請されていたのである（アクゼル一七六―七頁）。

ラザフォードの講演は、原子力が工業的に利用可能になるという考えを絵空事として一刀両断にするものだった。おそらくラザフォードは実験物理学者としての資質の点ではキュリー夫妻よりも一枚上手であり、もしかしたら史上でナンバーワンかもしれないが、自分の携わる仕事への洞察についてはピエール・キュリーのほうが一枚上手だった。シラードもまた、ラザフォードの研究から彼と正反対の予測をした人物を知っていた。それこそ彼が訳した『解放された世界』の著者、H・G・ウェルズだった。その作品の中で描かれていたのは、当時発見されたばかりの中性子を用いた連鎖反応の可能性だった。

それにしても論文を執筆しないで特許を取るという道に進むのがシラードのユニークな点である。特許の内容説明があり、出願日が記録されているのだから、核分裂連鎖反応が現実のものになったあとで、「そんなものはとっくにわかっていた」と後出しジャンケンのような発言をするのとは質が異なる。詳細は異なるとしても、アイディアは見事に的を射貫いていたのである。

一九三五年、シラードはオックスフォード大学クラレンドン研究所に常勤職を得るが、三八年、滞在先のニューヨークでイギリスへの帰国を取りやめ、そのままオックスフォードを退職してしまった。

〔資料3〕一九三九年、アインシュタインは、父親がライプチヒの教授に職を請わなければならなかった無名の青年からは程遠い存在になっていた。相対性理論に関して行なった研究によって、彼は世界でもっとも有名な科学者となった。ベルリン大学の屈指の教授として務めたのち、ユダヤ人排斥を唱える暴徒や政治家のせいでそこに留まることができなくなった一九三三年、アメリカへ渡ると、ニュージャージー州に新設されたばかりのプリンストン高等研究所に着任した。

アインシュタインは、マイトナーがどのような発見をしたのか、そして、ほかのさまざまな研究チームがそれをどのように展開しはじめたかを知ると、ホワイトハウスに宛てて私信をしたため、同僚たちに頼んで、大統領の腹心の部下に届けてもらった。

ワシントンD・C
ホワイトハウス
アメリカ合衆国大統領
F・D・ルーズベルト様

拝啓
最近の物理学の研究成果が……原稿の形でわたしの手元に届き、その内容を見たところ、近い将来、ウラニウムという元素が、新しい重要なエネルギー源になるかもしれないということがわかりました。現在の状況のいくつかの側面を考慮するに、政府当局におかれましては、油断なきように務められ、場合によっては、早急な対応を取られる必要があるかと存じます……。
この新発見の現象は……爆弾の製造につながり得るものであり、また、可能性はさらに低くはありますが、これを応用した新しい種類のひじょうに強力な爆弾が製造されることも考えられます。このような爆弾一個が、小型船によって港に運び込まれれば、その港を完全に破壊し、またその周辺の領域にも甚大な被害を及ぼすこともあり得ます……。

敬具

アルバート・アインシュタイン

残念なことに、この手紙に対する返事は次のようなものだった。

ホワイトハウス
ワシントン
一九三九年十月十九日

親愛なる教授殿
先日はお手紙と、たいへん興味深い、重要な資料をお送りくださり、ありがとうございました。お知らせくださった情報をひじょうに重要なものだと判断し、会議を招集しました……心からの感謝を、どうかお受け取りください。

敬意を込めて

フランクリン・ルーズベルト

アインシュタインのように、アメリカで暮らしはじめてまだ数年しか経っていない者でも、「たいへん興味深い」という言葉が、その申し出は却下されたという意味であることはよくわかった（デイヴィッド・ボダニス『$E=mc^2$』伊藤文英・高橋知子・吉田三知世訳、早川書店、二〇〇五年。一三五－八頁）。

連鎖反応の実現は不可能とあきらめかけていたとき、シラードはマイトナーとフリッシュによる「核分裂」解釈を知った。咄嗟に閃いたのは、核分裂連鎖反応から爆弾の製造が可能になるのではないかということだった。その着想にはもう一つの可能性が付属していた、――先にナチスが完成させるのではないか。その可能性はシラードの頭をよぎった次の瞬間には強い危機感に育っていた。

エンリコ・フェルミもまたその可能性に気づいていた。シラードの説得に対してフェルミはこう答えたという、「実現の可能性は一〇パーセント程度、しかも死ぬかもしれない」。もちろん死ぬかも知れないのは爆弾の被害者ではなく、爆弾の開発に駆り出された科学者たちである。

同じ時期にシラードはアメリカ政府に働きかけて、ナチスの核開発の脅威を述べ、核物理学研究への資金援助を要請していた。しかし、彼のいかに必死の説得でも、脅威が想像の域を出ない以上、大国のトップを動かすには至らなかった。そこでシラードはアインシュタインの知名度に着目する。アインシュタインが自分の仕事と核兵器との関係を知るのは、シラードの説明と署名への説得を通じてのことだった。その説得には同じハンガリー人研究者、ユージン・ウィグナー、アレクサンダー・サックス、エドワード・テラーらも同行していた。

一九三九年八月二日、ヨーロッパ開戦一カ月前のこと、アメリカ大統領、フランクリン・ルーズベルトに宛てて一通の手紙が出される。それが先の資料で全文を引用した書簡だった。ただし、それが大統領の許に届けられるのはようやく十月になってからのことだった。このことも先の資料で引用した返信によって裏付けられる。

アメリカ政府を実際に動かすには、オットー・フリッシュとルドルフ・パイエルスの覚書を通じて、原子爆弾の現実的な製造可能性が示されるのを俟たなければならなかった。シラードが中心になって執筆し、アインシュタインが署名した書簡の内容は、空想的な脅威の域を出なかったと言ってもよい。

2 J・ロバート・オッペンハイマー（一九〇四－一九六七）

オッペンハイマーはアメリカ人物理学者であり、しかもユダヤ系だった。第二次大戦前はのちの「ブラックホール」につながるシュバルツシルト特異点の理論的な研究を進めていた。当初、オッペンハイマーは化学を専攻していたが、やがて物理に転じ、量子力学の最前線で広範な業績を積んでいった。彼の特異かつ魅力的な研究スタイルをブラックホールの専門家、キップ・ソーンの名著から見てみよう。

〔資料4〕オッペンハイマーの研究スタイルは、本書でこれまでに出会ったどの人とも異なっていた。バーデとツヴィッキーは才能と知識がたがいに補い合う対等な共同研究者として協同し、チャンドラセカールとアインシュタインはどちらもほとんど孤立して研究したのに対して、オッペンハイマーは学生の大群に取り囲まれながら研究に励んだのだった。アインシュタインにとって教えることは災難だったが、オッペンハイマーは教育に打ち込んだ。

〔中略〕彼のポストドクの一人、ロバート・サーバーは彼と一緒に研究することがどういうものだったかをこう述べている。「オッピー（彼はバークレーの学生にこう呼ばれていた）は頭の回転が速く、せっかちで、辛辣だった。教え始めたころ

オッペンハイマー（右）とアインシュタイン

は、学生を恐怖に陥れるという評判だった。しかし、五年間の経験を積んで、(初期に学んだ学生の言うことを信じれば) 彼は成熟した。彼の (量子力学の) 授業はインスピレーションに満ちているとともに、教育的にもみごとな達成を示していた。彼は学生に、物理学の論理構造の美しさに対する感受性と、物理学の発展に関する興奮を伝えた。ほとんど全員が、彼の授業を繰り返し聞いたし、オッピーはときには学生に三度も四度も聴講しないよう説得するのに苦労したのだった……」

「オッピーと大学院生との研究のやり方も独自のものだった。彼のグループは八ないし一〇人の大学院生と半ダースかそこらのポストドク研究員からなっていた。彼はグループと毎日一回、オフィスで会った。指定された時刻の少し前に、メンバーは三々五々入ってきて、テーブルについたり壁のあたりに陣取った。やがてオッピーが入ってくる。彼は一人一人の学生とその学生が研究している問題の現状について論じ合い、一方他の学生は傍らでそれを聞いたり、意見を述べたりするのだった。このやり方で全員が広い範囲の話題に接することができた。オッペンハイマーはあらゆることに関心を抱いていた。さまざまな主題がつぎからつぎへともちだされ、すべてが共存していた。一午後のうちに、電気力学、宇宙線、天体物理学と核物理学について論じるという具合だった (キップ・S・ソーン『ブラックホールと時空の歪み』塚原周信訳、白揚社、一九九七年。一六九-七一頁)。

物理学の全般に通じている研究者は、エンリコ・フェルミやリチャード・ファインマンなど何人かいる。オッペンハイマーの関心はさらに文学や哲学、宗教にまでおよぶ広範なものだった。当然、学生たちのどんな話題にも対応できた。彼の際立った才覚は、共同研究を指導し、グループ作業を指揮することに長けていて、学生指導（もちろん研究面だが）についても卓越していた。一言でまとめれば、マンハッタン計画に打ってつけの、いわば総監督に格好の人材だったのである。

とはいえ、オッペンハイマーの研究がマンハッタン計画にぴったりだったと言って終わりにしてしまうとしたら、あまりにも舌足らずにすぎる。一九三〇年代に後のブラックホールにつながる知的探究を行なうのは、いわば周りの空気を読まない大胆さを要したし、さらにはプルトニウムを材料にいわゆる「爆縮」型爆弾のアイディアを（無謀にも）追究することになった背景にはバークレーでのオッペンハイマーの研究室で行なわれたことを理解しておく必要がある。一九三二年当時、「ロバートには何であれ一つの問題にそれほど長く取り組めるほどの忍耐力が具わっていなかった。結果的に彼はしょっちゅうドアを開け放し、そこを通って他者と会い、大発見をすべく歩んでいった」（Kay Bird & Martin J. Sherwin, *American Prometheus:The triumph and Tragedy of J. Robert Oppenheimer*, Vintage, 2006. p.88）。開け放たれたドアを抜け、誰かが面白そうなことに着手すると忽ち問題の本質をつかんで共著論文を書き始め、その会話を聞いていた他の若者が新たな問題を着想すると彼はその行き先にも先回りして別の共著論文に手を着けるのだった。

ある意味では非常に難解な内容と感じられるかもしれないが、クリストファー・ノーラン監督作『オッペンハイマー』の原作にもなった書物から引くので、やや長くなるがオッペンハイマーの研究の一端を覗いておこう。

〔資料5〕この時期にオッペンハイマーは、宇宙線やガンマ線、電気力学、そして電子―陽電子のシャワーに関する重要な、ましてや先駆的ですらある論文を立て続けにしたためた。核物理学の分野では、メルバ・フィリップスとともに重陽子の反応から陽子の産出量を計算した。フィリップスは一九〇七年生まれのインディアナの農家の娘で、オッペンハイマーの最初の博士課程の教え子だった。陽子の発生に関する彼らの計算は「オッペンハイマー－フィリップス過程」として広く知られることになる。「彼はアイディアマンでした」とフィリップスは回想する、「彼は偉大な物理学の仕事は一つも成し遂げなかったけれども、すべての分野で愉快なアイディアを発見して学生たちとうまくやっていたんです」。

物理学者たちが今日同意を隠さないのは、オッペンハイマーのもっとも衝撃的で独創的な仕事は一九三〇年代の終わりに中性子星についてなされたものだった――天文学者たちにとっては一九六七年まで実際には観測がかなわなかった現象だった。天体物理に関する彼の興味は当初リチャード・トールマンとの交友から口火を切り、彼を通じてパサデナのウィルソン山の観測所で働く天文学者たちの知己を得た。一九三八年、オッペンハイマーはロバート・サーバーと「中性子のコアを持つ天体の安定性」と題する論文を書き、そこで「白い小人たち《ドワーフ》」と呼んだ強烈に圧縮された星たちが呈するいくつかの属性を探究した。数ヶ月後、彼はジョージ・ヴォルコフという別の学生と共同作業をし、「巨大な中性子コアについて」と題した論文を作成した。計算尺を駆使しながら、たいへんな骨を折って計算結果を引き出し、それによってオッペンハイマーとヴォルコフは中性子星に質量の上限があることを突き止めた——今やその上限は「オッペンハイマー－ヴォルコフ限界」と呼ばれている。その上限を超えると途端に中性子星は不安定になる。

九か月後の一九三九年九月一日、オッペンハイマーはまた異なる共同研究者——さらに別の学生であるハートランド・スナイダー——と「重力による連続的な収縮について」と題する論文を発表した。言うまでもなく、歴史的にその日付はヒトラーのポーランド侵攻と第二次世界大戦が開戦したときとして最も知られているものだ。しかし穏やかな仕方ではあったものの、この論文の発表もまた決定的な事件だったのだ。物理学者にして科学史家でもあるジェレミー・バーンシュタインはこの論文に関して「二〇世紀物理学の中でも偉大な論文の一本」と言う。発表時には殆ど注目されなかった。ただし数十年後に物理学者たちは一九三九年のオッペンハイマーとスナイダーが二一世紀物理学の扉を開いたのだと理解するようになる。

彼らの論文は、大きな質量の星がおのれ自身を燃やし尽くそうとし、実際に燃料を使い尽くしたときにいったい何が起こるのかを問うところから始まる。彼らの計算が示していたのは、ある質量を超えるコア——今では太陽質量の二、三倍になると信じられている——を有する星は、白色矮星の内部に向かって潰れていくのではなく、代わりにそれ自体の重力の威力によって際限なく収縮し続けるということだった。アインシュタインの一般相対性理論を信ずるなら、そのような星では一切を包囲する重力の引力から光波ですら逃れられない「特異性」によって崩壊してゆくだろう。はるか彼方でしか出会えないそのような星は、宇宙の残余からそれ自身を閉ざすことにより、文字通り姿を消してしまうのだ。「その重力場だけが存続する」とオッペンハイマーとスナイダーは書く。すなわち彼ら自身はその名を使うことはなかったけれども、その星はブラックホールになる。興味深いが奇妙な考えだ――こうして、その論文は肝心の計算についても長い間、単なる数学的好奇心に過ぎないとして無視されたのだ。

一九七〇年代初めを過ぎてようやく、つまり天体観測技術が理論に追いついたとき、〔理論の予告する〕ブラックホールが天文学者たちにより大量に把捉された。当時、コンピュータと電波望遠鏡の技術革新によってブラックホールの理論が天体物理学の最重要事項になっていた。「オッペンハイマーがスナイダーと成し遂げた仕事は、今にして思えば驚異的なほど完成度が高く、ブラックホールの崩壊に関する数学的記述も正確だった」と述べるのはカルテクに在籍する理論物理学者、キップ・ソーンだ。「彼らの論文が同時代の人々に理解されにくかったのは、数学的に炙り出されたものが、宇宙の中で物事がどう振る舞うべきなのかを示すどのような心的な図式とも著しく異なっていたからなのです」(Bird & Sherwin, pp.88-90)。

末尾のキップ・ソーンの発言を敷衍すれば、一九三〇年代の精神にはオッペンハイマーが立て続けに発表した論文の内容を解するだけの心の準備ができていなかった。とはいえ、オッペンハイマーだけが時代から突出していたというわけでもない。太陽レベルの質量をもつ恒星が辿る運命について、いわゆるチャンドラセカール限界質量が定式化されたのも同じ三〇年代だった。オッペンハイマーたちの仕事にしても忽然と出現したわけではなく、チャンドラセカールが成し遂げた先行研究を土台にしてその先に駆け登ろうとしたものであることは容易に想像できる。

一九四二年にマンハッタン計画が始動するが、ノーベル賞受賞者がずらりと居並ぶ豪勢なチームを果たしてオッペンハイマーに率いられるのかという不安の声もあった。とはいえ分野が分野だけにと断らなければならないかもしれないが、スブラマニアン・チャンドラセカールがようやくノーベル賞を受賞したのですら一九八三年のことだったのだ。その点から考慮しても、もし上記の仕事によりオッペンハイマーが受賞するとしたら、どれほど早く見積もっても八三年以降にならざるを得なかった。資料で言及されているキップ・ソーンが受賞したのは二〇一七年のことだったし、彼の友人でもあったスティーヴン・ホーキングはついに受賞できなかった。

とにもかくにも一九四三年、オッペンハイマーはロスアラモス国立研究所の初代所長に就任する。この就任劇が衝撃的だったのは、計画の最高責任者であるレスリー・グローヴスが大方の予想を裏切り、周囲の反対を押し切ったからだった。しかもオッピーの所長就任に反対していたのは軍や政府の関係者だけではなかった。

〔資料6〕「あの当時の科学界の指導者だった連中からは」と後にグローヴスは書く、「私への支持はまったくなく、反対だけだった」。一つにはオッペンハイマーが理論家だったことがあった、その点で原子爆弾を建造するには実験科学者と工学者の才覚が必須だった。オッピーを大いに賞賛する点ではアーネスト・ローレンスも他に引けをとらないが、そのローレンスですらグローヴスが彼を選んだ時は愕然とした。もう一人の偉大な友人にして賞賛者でもあるI・I・ラビもオッピーは最もあり得ない選択だと考えていた。「彼はとんでもなく実務能力を欠いているからね。いつもブカブカの靴を引きずり、変な帽子をかぶって歩き回っているし、もっと大事なことは実験に使う器具類についてすら何も知らないんだ」。あるバークレーの科学者が述べた所見にはこういうものがあった、「彼じゃハンバーガー屋ですら勤まらないさ」(*Ibid.*, p.186)。

つまり、オッペンハイマーの就任は前代未聞の大抜擢だったのだ。グローヴスの抜擢が予想外だったのはもちろん、グローヴスとオッペンハイマーのウマが合うなど誰にも予想できなかった。日本にとっては最悪の選択になったかもしれないが、作戦の成否という観点からすればグローヴスの炯眼は疑いようもない。しかし、いったいなぜ?

〔資料7〕「奴は天才だ」とグローヴスは後にレポーターに語った。「本物の天才だ。一方、ローレンスはかなり頭の冴えた奴だが天才じゃない。ただのすぐれた努力家だ。いったいなぜだかはわからないが、オッペンハイマーは何もかも知っているんだ。奴はあんたが持ち出すどんなことについても説いて聞かせることができる。いや、厳密にはそうじゃない。私が思うに、奴が知らないのはほんの二、三あるくらいだな。あいつはスポーツについては何一つ知らない」(*Ibid.*, pp.185-6)。

バークレーでの授業はさしずめ予行演習だったのだろう、相手が優秀なら誰とでも共同作業が可能だったことは経験済みであり、かつ証明済みでもあった。

なにしろ彼はすべてに通じているのである、物理はもちろん、スポーツ以外の森羅万象に関心をもち、卓越した指導力を誇り、どんな現象についてもいち早く本質を掴み、問題の核心を突くことができたし、これらの才覚をフルに動員して原子爆弾製造研究チームを主導することになる。次の文章はロスアラモス研究所とオッペンハイマーの雰囲気を巧みに伝えてくれる。

〔資料8〕私は早くからロバート・オッペンハイマーにも会った。オッペンハイマーは著名な理論物理学者で、この施設の科学の統括者であり、新入りを「ロスアラモスへようこそ。ところで、あなたは一体どなたでしたっけ」という言葉で迎えるのが常だった。縁の広いポークパイ型の帽子をかぶった、ほっそりした姿は見間違うことがなかった。後になって、この施設の場所、大きな死火山の端にあり、最も近い町のサンタフェからでも曲がりくねった未舗装の道路で約二〇マイル〔※三二キロメートル〕もある、海抜七〇〇〇フィート〔※二一三〇メートル〕の隔絶した地点を選んだのはオッペンハイマーであることを知った。さらにオッピーはプロジェクトが必要とする化学者や物理学者やエンジニアだけでなく、画家や哲学者やその他の、あまり本来の仕事に似つかわしくない人物まで集めていた。文化的な共同社会は、そのような人々がいないと不完全になるとオッピーは感じていたのだ。ここにやって来た科学者の中には、アメリカの大学の最良の人々が含まれていたので、私は、夕方に好きな方向へ出かけていき、最初のドアをたたけば、愉快な仲間がそこにいて、音楽を演奏したり、刺激的な会話を交わしたりしているところに会えるという、嬉しい思いを抱いていた。このようにさまざまなタイプの、知的で文化的な人々がいる小さな町を、いまだかって私は見たことがなかった（フリッシュ一八七頁）。

そこはある意味で「人工楽園」だった。研究者にとっての楽園（理想都市）――知的交流の場にして同時に共同研究の場だった。軍に属し、軍事研究の拠点だったが、その組織形態は軍隊の秩序とは対照的な空気を湛えていた。

オッペンハイマーが他の物理学者からも一線を画すのは、軍人や科学者だけでなく、芸術家や社会科学者なども連れてきた点だろう。フリッシュの言葉からも、オッペンハイマーがありうべき社会像に関して、かなり洗練された考えをもち、しかも秘密主義を貫こうとする軍の意向に逆らってまで多様な人材を連れてきたのだから、政治的な手腕についても並々ならぬものがあったと推察される。マニアックに偏った科学バカとはセンスの次元が違っていると言うべきか、そのような人材がマンハッタン計画の中枢にいたことは十分に留意されてよいだろう。

3 アメリカのフェルミ

核分裂の情報は、マイトナー&フリッシュの論文によってではなく、人伝に伝えられた。マイトナーとスウェーデンの雪道で思考実験をしたあと、フリッシュはその成果をデンマークに持ち帰り、ニールス・ボーアに伝えた。渡米を目前に控えたボーアは、迅速な論文執筆をフリッシュに命じるとすぐに旅に出て、アメリカの地を踏むと、プリンストン大学のセミナーに参加し、出席者たちにニュースを伝えた。そのニュースが当時、コロンビア大学にいたフェルミの耳に入ることになった。

一大ニュースが嵐のように世界をかけめぐると、すぐに各地の物理学者たちが一斉に核分裂の検証作業に入り、続いて連鎖反応の実験に挑んでゆくことになった。

当初は軍事に関わることを嫌っていたフェルミだったが、やがて参加を決意し、以降は原子爆弾製造の中心人物になってゆく。

もちろん計画全体を統括する責任者はオッペンハイマーである。しかし、マンハッタン計画にはもう一人のリーダーがいた。軍の責任者であり、それがレスリー・R・グローヴス少将だった。いわゆる「マンハッタン管区Manhattan Engineering District」の統括責任者が彼だった。彼の直属の部下だったケネス・ニコルズの表現を借りれば（日本語に訳すと差し障りがある表現なので、そのまま引用すると）、グローヴスは「the biggest sonovabitch I've ever met in my life, but also one of the most capable individuals」(Susan Williams, *Spies in the Congo*, Public Affrairs, 2016. p.4.) という、いわばとんでもなく嫌な奴だけど図抜けて有能な男でもあった。

エンリコ・フェルミ

マンハッタン計画は極秘で進められた作戦だったから、常々機密保持は徹底されていたようだ。計画に加わり、中心的な役割を果たした科学者たちはみなコードネームで呼ばれていた。たとえば、エンリコ・フェルミはユージン・ファーマー、ニールス・ボーアはニコラス・ベイカー、ユージン・ウィグナーはユージン・ワグナーといった具合である。

一九四三年からフェルミには二四時間専属のボディガードが就くようになった。名はジョン・ボーディノ、法科大学院を出たばかりの陸軍情報部員だった。最初は形式的な付き合いに終始していたが、フェルミは元々フランクな人柄であり、陽気な人物だったから、二人はすぐに打ち解け、親友になっていった。列車で移動するときは一緒にトランプに興じ、研究所ではボーディノも実験を手伝った。フェルミ一家がロスアラモスに引っ越したときは、ボーディノも妻と生まれたばかりの娘を連れて一緒に引っ越したという。ただし、その引っ越しに飛行機を使ってはならなかった。フェルミに対するグローヴスの指示は次のようなものだった、「飛行機と名の付くものには乗らないように。時間が節約できるといっても危険に見合うほどではない。ほんの短い距離でも車の運転はしないように。安全が保障されないかぎり人気のない通りには出ないように」。このグローヴスの指示を読むだけでも、原爆開発におけるフェルミの位置づけと重要性がわかる。

〔資料9〕フェルミは、爆弾の研究と開発は必要悪だと考えていて、嫌悪感を抱きながら任務を引き受けていた。しかし、ロスアラモスの雰囲気はそんなものではなかった。熱意が充満していて、フェルミには初め理解できなかった。オッペンハイマーは次のように記憶している。「初めのころの会合でフェルミは、席に着くと私のほうを向き、『あなたの部下は本当に爆弾を作りたがっているのですね』と言ってきた。」それがロスアラモスの精神で、人々は爆弾に取り憑かれていた。そしてプルトニウム爆弾が設計され、オッペンハイマーによって「トリニティー」と命名された実験に向けて製造が開始されたころには、フェルミもやはり爆弾の魔法にかかっていた。セグレは次のように語っている。

私が知る限り、この実験に関する問題にフェルミがどのような貢献をしたのか、文書による説明は残っていないし、詳しいところまで再現するのも容易ではない。しかしこのとき、物理学全体を手中に収めているという、フェルミの最も驚くべき持ち味が真価を発揮した。トリニティー実験に関係する問題は、流体力学から原子核物理学、光学から熱力学、地球物理学から核化学にまで及んでいた。互いに関連していることも多く、どれか一つを解決するには他のすべてを理解する必要があった。目的こそ残酷で恐ろしいものだったが、史上まれに見る一大物理実験だった。フェルミは完全に没頭した。実験のときには、アラモゴード〔ニューメキシコ州南部の実験場〕での作業の技術的詳細をすべて理解する数少ない（おそらく唯一の）人間となっていた（ウィリアム・H・クロッパー『物理学天才列伝（下）』水谷淳訳、講談社ブルーバックス、二〇〇九年。二六四－五頁）。

プルトニウムを使った爆弾の開発計画は「トリニティ」と命名されるが、命名者はオッペンハイマーだった。トリニティは普通名詞としては三つ組や三幅対、三重などを意味するが、大文字で始まる場合にはキリスト教の三位一体を意味する。しかし彼は聖書やキリスト教の伝統から引いてきたのではなく、ジョン・ダンが死の直前に書いた非常に謎めいた詩句から連想して命名したらしい。私自身は、彼が挙げたジョン・ダンの二つの詩句から即座に三位一体が連想されるようには思えないが、それ以上の証言は残っていない。

さて、資料に戻るとしよう。エンリコ・フェルミは当初、兵器の開発に興味があったどころか、軍事にかかわること自体をひどく嫌っていた。やがて「必要悪」との認識が彼の中にも生じたものの、その考えですらシラードやボーアとの議論から生じたものでしかなかった。そもそも反戦主義者であったフェルミが、素朴な平和主義者から兵器開発に転じるに足る最大の動機とはなんだろう？　フリッツ・ハーバーのような愛国心からだろうか？　いや、フェルミはイタリア人であって、アメリカへの愛国心など皆無に近い。あるいはレオ・シラードのように、ナチスへの脅威から義憤に駆られたとでもいうのだろうか？　たぶん、それもちがう。ナチスの脅威を感じたとしても、自身はドイツ出身ではないし、ユダヤ人でもなかったから、それが彼にとって主たる動機になったとは思えない。

どうやら妻のラウラが語っていたことがもっとも的を射ているようだ。原爆開発という多大な困難を抱えた課題が、フェルミにとっては、とても珍しいオモチャを与えられたに等しかった。オールマイティな物理学オタク、もしくは名人クラスの物理ゲーマーにとって、この機を逃したら二度と出会うことができない大作ゲームこそ、彼をそこで待ち受けているものだったのだ。スタートボタンを押せば忽ちゲームが始まり、襲い来る難題を次々にクリアし、最後に途方もない成果を手にするというシナリオが、彼の目にはもうすでに見えていたのである。

資料の中の二つの言葉がロスアラモスの空気を如実に伝えている。一つは「爆弾の魔法」であり、フェルミはその魔法にかかってしまった。そして、ロスアラモスの全体を包んでいた「熱意」である。知と創造の楽園に種をまかれ、大事に育てられた最高の植物、それが我々にとっては最悪の贈り物となる。

さて、オッペンハイマーは核物理学と核化学の精鋭を全米から選りすぐり、のちに二五〇〇名を超える研究者集団を率いてゆくことになる。その集団の中には当時二四歳のリチャード・ファインマンも含まれていた。

ファインマンは中学生の頃から男の子たちの高嶺の花だったアーリーンの心を（いろいろな手を使って）射止めたが、結婚間際に彼女が結核に罹っていることが判明する。ファインマンの家族は結婚に反対するが、アーリーンに首ったけのリチャードは周囲の反対を押し切って結婚し、そのままマンハッタン計画に加わってしまう。

その経緯の一端を物語る文章をファインマン自身のテキストから引いておこう、――「間もなくマンハッタン計画実施のため、ロスアラモスに行かなくてはならないときがきた。この計画の総大将たるロバート・オッペンハイマーは、ロスアラモスから一番近いところ（とはいっても一〇〇マイル〔一六一キロメートル〕も離れていたが）にあるアルバカーキの病院に、アーリーンを入院させるよう、わざわざ手配してくれた。毎週末、土曜になるとヒッチハイクでアルバカーキに面会に行く。その午後アーリーンに会い、その夜は近くのホテルに一泊、日曜日の朝もう一度彼女を見舞って、その日の午後またもやヒッチハイクでロスアラモスに戻る、というスケジュールだ」（リチャード・ファインマン『困ります、ファインマンさん』大貫昌子訳、岩波現代文庫、二〇〇一年。四九頁）。

優秀な研究者にして反骨精神の塊みたいなリチャード・ファインマンは、いわゆる組織人にとっては天敵であり、組織を統べる責任者にとってはもっとも扱いにくいタイプの人間だった。この点においても、ロバート・オッペンハイマーの人心掌握術は見事というほかにない。彼はファインマンに対してではなく、彼の妻に対して最善の措置を講じてくれたのだ。いかに反抗的なファインマンであっても、恩義を感じないではいられなかったろう。当然、恩を受けたら、負債者の立場に置かれるから、返礼の義務を感じざるを得なくなる。何をもって返礼するかといえば、作戦に尽力することによって、としか考えられまい。

とはいえ、権力や権威にはすぐ反発し、意味のない規則を反射的に毛嫌いするファインマンのことだから、オッピーに恩を感じていても組織内で大人しく振る舞うことなどなかったし、軍のしきたりや権力者の命令に従順になることなど夢にも想像できない。仕事場では次々に改革の手を打ち、禁止には風穴を空け、実際に研究所内にも抜け道を作ってしまった。そうしたファインマンの掟破りの振る舞いは、軍隊の秩序から見れば、越権や破壊行為にほかならず、到底がまんならないものだったが、オッペンハイマーの目にはどう映っていただろうか。むしろ、ファインマンが勝手な振る舞いを次々に繰り出すそばから、組織は次々に改善され、たとえ破壊されてもよりよい集団へと再構築されていったのだから、何もかも快く思っていたはずだ。しかも、ロスアラモスにはファインマンの上をゆくいたずら者がもう一人紛れ込んでいた。それは病床にあってさまざまないたずらをロスアラモスに向かって仕掛けていたファインマン夫人、アーリーンだった。アーリーンが何をしたかは、本講義からやや逸脱する話題になるので、興味ある人は先に一部を引いたテキストを手に取ってみるのがいいだろう。

ファインマンのテキストからもう一つ資料として引いておきたいのだが、それは彼の目に映ったエンリコ・フェルミである。

〔資料10〕僕もはじめはほんの下っ端だったが、後でグループのリーダーになり、しかも実に偉い人たちに何人か会うことができた。あれだけのすばらしい物理学者に会うことができたのは、僕の生涯を通じて最も豊かな経験だったと思う。

その中にはあのエンリコ・フェルミもいた。ロスアラモスで困難があれば、その相談にのって助力するという役目をおびて、フェルミはシカゴからやってきた。その彼をまじえて会議が開かれた。僕はずっと計算の仕事をしていて、かなりの結果も出していたのだが、この計算は非常に複雑でわかりにくいものだった。普通なら答がだいたいどのようなものかを予言したり、出た答についてなぜそうなったのかを説明するのは僕の得意とするところなのだ。ところがこのときの計算だけは複雑すぎて、さすがの僕もどうしてそうなるのか説明できなかった。

とりあえず僕はフェルミに今やっている問題を話し、その結果を説明しはじめると、フェルミは「ちょっと待った。君が結論を言う前にちょっと考えさせてくれたまえ。多分こういう風な答が出るだろうと思うね（その通りだった）。そのわけはこうこうだ。そしてこれにはわかりきった説明もつくよ。」

これにはおどろいた。フェルミは僕のお株をすっかり奪ってしまったのだ。奪ったどころか数倍もうわてである。これは僕にとって非常にいい薬になった。

また大数学者ジョン・フォン・ノイマンもいた。僕たちは日曜になると散歩に出かけては峡谷深く分け入ったりしたものだったが、これにはよくベーテや、ボブ・パッカーもついてきて、ほんとうに楽しかった。このとき、我々が今生きている世の中に責任を持つ必要はない、という面白い考え方を僕の頭に吹きこんだのがフォン・ノイマンである。このフォン・ノイマンの忠告のおかげで、僕は「社会的無責任感」を強く感じるようになったのだ。それ以来というもの、僕はとても幸福な男になってしまった（R・P・ファインマン『ご冗談でしょう、ファインマンさん（上）』大貫昌子訳、岩波現代文庫、二〇〇〇年。二二五－六頁）。

我々はファインマンがその後、量子力学の行き詰まりを打開する理論により、ノーベル賞を取るのを忘れてはならない（同様の理由で日本人物理学者、朝永振一郎が同時受賞の栄誉に与っている）。そのファインマンが伝えているのは、概算の名手であったフェルミのお手並みの凄みである。

有名な「フェルミ推計」がもしもあるとして、その技術をフェルミ以外の人、それもごく平凡な人間でも身につけられるとしたら、どんな計算についても、その意味をより大きな枠組みで理解していることが前提になる。それは暗算が速いとか、計算が得意ということではない。式とその中にある数字の意味に通じていることである。フェルミは家族や友人とピクニックに行ったとき、草むらに寝転ぶとおもむろにノートを開いて、何も参照せずに物理の教科書を書いたと言われている。おそらく彼にとって物理学は覚えるものではなく、理解し、咀嚼し、肉体の一部になった知識だったのだろう。彼は覚えなくても、すべての公式を自力で導くことができるから、読み終えたテキストはもう要らないと言ってすぐに返却したそうだ。そんな芸当が可能なのは、読んだ事柄の意味がわかっているのはもちろん、わかったばかりの事柄が他の諸事象とどう関係し、どう絡み合っているかもわかっていたからなのである。

実際、単なる計算力であれば、フェルミの能力を遙かに凌ぐ人材が計画に参加していた。その人材こそやはり変人のハンガリー人、フォン・ノイマンである。ファインマンから引いた資料は、そのフォン・ノイマンがファインマンに伝授した危険な思想を伝えている。それは「社会的無責任感」なる代物である。この考えは、提唱者と賛同者がいずれもマンハッタン計画にかかわった人間であるからには簡単に見過ごすことはできない。科学者の社会的責任についても一石を投じる思想の一つであろう。

科学と倫理とは、いかなる関係にあり、また、あるべきなのか?

一七世紀の大思想家、バルーフ・スピノザ。一九世紀の大哲学者、フリードリヒ・ニーチェ。この二人がもっとも忌み嫌ったことの一つに、もてる力を差し控えるよう強いる力があった。どんな能力であれ、その能力の使用を差し控えるよう強いるものは、スピノザの「倫理」にとっては「悪」である。力を差し控えることを美徳として賞賛する道徳をニーチェは唾棄した。ニーチェは「謙遜」を嫌うのだ。もしも科学者が今、使うことが可能な力を道徳のため、もしくは有徳の士として振る舞うために「いえいえ、私なんかとても」とでも言って差し控えるとしたら、はたしてそれは正しい振る舞いと言えるのだろうか。

可能なものなら、すべて許されるのか。あらゆる可能性に現実化の機会を与えることが正しいことなのか? 実に難しい問題である。現代を生きていれば、スピノザやニーチェでさえ簡単には答えを出せなかったかもしれない。だからといって考えなくてもよいことではない、――反対に、だからこそ考えなければならないのである。

第3講
臨界——核分裂連鎖反応

1　ボーアの悟り

アインシュタインにとって、最大のライバルにして理論上の宿敵はまちがいなくニールス・ボーア（一八八五－一九六二）だったろう。若い世代の物理学者たちがあたかも「ボーア詣で」のようにデンマークを頻繁に訪れる頃になると、一般人にはアインシュタインと聞けば先端物理のイコンにちがいなかったが、専門家たちにとっては次第に過去の人と見做されるようになっていった。彼自身、一般相対論を発表して以降は、孤独なイメージに合わせるかのように引きこもり気味だったと言われている。だが実際には量子力学に対する激しい批判者として立ちはだかり、無数の難問を突きつけ、反論を論文化し、それらを以て量子力学の発展と厳密化に尽くしたのだった。

では、アインシュタインの好敵手にして新たな先端物理の領袖となったニールス・ボーアとは、いったいどんな人だったのだろう？

〔資料1〕私はホイーラーに、ボーアと一緒に仕事をするのはどんな風だったかを尋ねたことがあります。ホイーラーによれば、ボーアには「二種の速度、すなわち興味なしと、没入するほど興味あり」があったそうです。ボーアが興味なしのときには、彼の反応は通常その講演、またはその時話題のものがなかなか面白いねなどと言ったそうです。他方、ボーアがほんとうに興味を持った時には、自分と講演者が問題の真の理解に達するまで講演者を一種のゆるやかな拷問にかけるのを常としていました。ところが、核分裂に関しては事態が全く違っていました。プリンストン高等研究所にはその春に、チェコ生まれの才能豊かで懐疑的な理論物理学者ジョージ・プラチェクがいました。ある日、プラチェクはボーアに核分裂の水滴モデルは全くのナンセンスであると言いました。彼の議論は次のようなものでした。そのモデルでは反応をスタートさせるのに、水滴を揺さぶるエネルギーを供給するために注入中性子が必要です。他方、注入中性子の速度が遅いほど反応率が高くなります。実際、反応率は中性子の速度ゼロ、すなわち運動エネルギーがゼロのときに最大になるのです。それなら、水滴を揺さぶるエネルギーなどどこから必要だという ことが出てくるか、という訳です。これにはボーア自身が大いに揺さぶられて、ホイーラーを引き連れてプリンストンの町中をあてどなく「高速で」歩き回ったそうです。そこで彼は突然の悟りに達しましたが、それが核分裂を原子炉から爆弾までの実用において永久に世界を変えることになるのです。以下は彼が理解したことです。

原子核に中性子や陽子を保持させている核力は、われわれが日常接するいろいろな力とは非常に違うのです。たとえば、電気的に反発力を及ぼし合う陽子を原子核から飛び去ってしまわないように保持しているのですから、核力は電気的な力よりずっと強いものでなければなりません。さらには、その核力が及ぶ範囲は極めて短いものに違いありません。比較のために、重力を考えてみましょう。太陽は地球から9千3百万マイル〔1億5千万キロ〕離れていますが、その間の重力が地球を太陽のまわりの楕円軌道に保持させているのです。それに比して、核力はその作用範囲について馬鹿馬鹿しいほど小さな数字を書かなくてすむように、そのための単位フェルミが定義されています。1フェルミとは、10^{-13}センチメートル——すなわち1／（1の次に13個のゼロが続く）＝1/10,000,000,000,000センチメートルです。核力の作用範囲は1フェルミ程度なのです。これが意味するところは、原子核中では中性子も陽子もそれぞれ一番近い粒子とのみ作用し合うということです。この特性はどの原子核が安定かを予測する上で重要な結果です。原子核は中性子と陽子が一対を形成するときに安定です。すべての元素の中で最も安定なのは、同数の中性子と陽子を持っている軽い原子核群です。従って、原子核は中性子数Nと陽子数ZがN＝Zの線上のなるべく近くに集まる傾向にあります（ジェレミー・バーンシュタイン『プルトニウム』村岡克紀訳、産業図書、二〇〇八年。七一―一二頁）。

バーンシュタインはボーアにおける「二種類の速度」から語り始めている。一つは我々の誰もがよく知る「通常モード」の速度である。もう一つはボーアに固有の速度、途方もない集中力が途切れることなく継続してゆく、いわば特異モードである。ボーアの特異性はその伝説的な集中力の強度ではなく、必ず相手を必要とし、しかも彼自身の疑問が解消するまで続くところにあった。途方もなく強力な集中力が客人を質問攻めにし、議論が休みなく続くその執拗さをバーンシュタインは「ゆるやかな拷問」と呼んでいた。

有名な逸話を一つ。ボーアに招かれ、ある日、エルヴィン・シュレーディンガーがコペンハーゲンを訪れたときのことである。量子力学における確率を表現する比喩として「シュレーディンガーの猫」が有名だが、シュレーディンガーの方程式もまた、量子力学の世界を物理学者にわかりやすく微分方程式に集約したものだった。彼はハイゼンベルクやポール・ディラックとノーベル賞を同年に共同受賞したが、言い換えるなら彼ら三人こそ当時最先端の物理学だった量子力学の「顔」にほかならなかった。そのシュレーディンガーが訪ねてきたのだ、――好奇心の塊だったボーアの欲望が容易に満たされるはずはない。さんざん議論した挙げ句にシュレーディンガーは倒れてしまった。普通ならそこで議論は打ち切りになるが、ボーアにとっては彼の欲望が充たされるまで思考の攻防とも好奇心のセックスともつかない時間が続いてゆく。ボーアはベッドに伏せたシュレーディンガーに延々と議論を挑み続け、また質問を浴びせ続けた。かなりの物理好きを自認していた朝永振一郎がところかまわず議論を始めるヨーロッパの研究者たちを見て神経を疑い、呆れると同時に自身の物理好きに疑問を抱かされたというが、そのTPOを弁えない議論の習慣こそボーアの「速度」が創出したものだった。

ところで資料中でもっとも大事な箇所は、「力」に関して新たに加わった「核力」だろう。原子核には中性子とともに陽子がぎっしり詰まっている。中性子は電荷をもたないが、陽子はみな正の電荷をもっている。正の電荷をもつ粒子は反発し合うはずだから、核力のはたらきがなければ互いに反発する電磁気力のために散り散りになってしまうはずだろう。言い換えるなら、反発し合う電磁気を押さえ込んで一個の「核」にまとめ上げるパワーが「核力」なのである。核力を「強い力」と呼ぶのはその強力さゆえのことである。核力それ自体は途方もなく強い力であり、陽子も中性子もともにその力を有している。陽子だけなら、ともすれば電気的反発力により分解しかねない状態をなんとか押さえ込み、一つの核に封じ込めるにはほぼ同数の中性子が必要になる。それを資料中では、

Z＝N

の式で表わしていた。水素を除く軽い元素では、陽子数Zと中性子数Nが等しく、しかも安定している。大きな元素になるにしたがい、次第に中性子数Nが陽子数Zを上回るのは、作用範囲の小ささを数で補うためである。働く距離が極端に短いと、陽子の数が増えていくにしたがい、大きくなる電気的反発力を押さえ込むのが難しくなる。それでも一つの塊に押し込んでおくため

には、さらなる核力の助けが必要になるのである。それでも完全には押さえられなくなるから、大きな元素はみな「放射性」という自壊する性質を有するのである。鉛よりも大きな元素はどれもみな、一定のリズムで絶えず振動しており、その振動数に応じた放射線を発しながら徐々に壊変していく。

放射性元素はそれゆえ、みな不安定なのだが、それでも（不）安定性にそれぞれ度合いがあり、中性子と陽子の数が偶数の場合には比較的安定している。たとえば、ウラン２３８は陽子九二個と中性子一四六個から成るのに対し、ウラン２３５は陽子が九二個なのに対し、中性子は一四三個である。奇数個の中性子は、陽子と対を形成しない余分な中性子が含まれていることを含意する。そのため、結合エネルギーも相対的に弱くなり、放射性崩壊も速くなりがちになるから、天然に少量しか存在しないというわけだ。

また、軽い元素の中では水素だけ例外的である、――中性子を一つも持たないからだ。水素が中性子を必要としないのは、核の中に核子が一つしかないため、複数の核子を一つにまとめあげる「力」も必要ないからである。しかし中性子の介入を拒否しているわけではなく、ときに中性子を引き連れた水素原子もある。重水素の原子核は陽子一個に加えて中性子を一個もつ。ならば質量もフリーの陽子と中性子との和に等しいのだろうか？　実は等しくない。重水素の核子のほうがわずかに少ない。そのわずかな質量の差は、かつて陽子と中性子とが連結する際に結合エネルギーとして放出（消費）されたためである。ガンマ線として放出された分だけ重水素の質量はごくわずかに少ない。もつ必要のない中性子をもち、かつ奇数個の中性子数だから、安定同位体であるとはいえ、重水素（デューテリウム）はきわめて少ない。

奇数個の中性子が安定性を欠くという観点から、ウランの同位体がたどる奇妙な運命を眺めてみよう。

〔資料2〕ウラン238が核分裂へ到る途中で生ずる複合核はウラン239であり、他方ウラン235の核分裂への複合核はウラン236です。しかしウラン236は中性子と陽子の対形成によってウラン239より強く結合しています。従って、中性子がウラン238によって捕獲されますと、ウラン235に捕獲される場合より少ないエネルギーしか放出されません。そして、ここにポイントがあるのです。水滴は分解するのに抵抗します。それが起こるためには、ぐいと押す必要があります。物語風の記述から少し離れて言いますと、それを起こすためには「閾値」と呼ばれるある最少のエネルギーを供給しなければならないということです。ウラン235によって捕獲されてウラン236にした中性子は「閾値」以上のエネルギーを出すのに対して、ウラン238に捕獲されてウラン239にした中性子は「閾値」以上のエネルギーを出さないのです。そこで、ウラン235は「核分裂性」であると言われ、その意味はどんなエネルギーの中性子も核分裂を起こし得るということです。ウラン238も核分裂できるのですが、それはある値以上のエネルギーを持った中性子によってのみ可能なのです。これがボーアの突然の悟りでした（同七三－四頁)。

資料中の「閾値」に注意すると、厄介なことが明確にわかる。まず中性子を原子核に打ち込む。打ち込まれた中性子が原子核の内部に侵入することを「中性子捕獲」というが、「閾値」以下の場合はそれで終わりとなってしまうのである。つまり閾値を超えるエネルギーを放出しないのだ。ところが閾値を超えるエネルギーを放出すると、核は一まとまりの元素として存続することができなくなり、分裂してしまう。それが「核分裂」である。

ウラン238の場合、核に侵入してくる中性子の運動エネルギーが一〇〇万電子ボルト以上でないと核分裂は起こらない。つまりウラン238の「閾値」は一〇〇万eVであり、それ以上だと核分裂性になるが、それ以下では共鳴吸収を通して核に吸収されたまま分裂を起こさない、――ほぼ絶対に(確率ゼロ)。この点はトリウムも同様であり、トリウムを使った実用の原発が作られなかった理由でもある。

ところがウラン235の場合、入射する中性子がどんなにゆっくり走ろうが、どんなに速く走ろうが、吸収されればゼロでないある確率で核分裂が起こる、――分裂確率の高さは、運動エネルギーに依存するが……。

図示したが、一番上は中性子が原子核に侵入しようとする様子を表わしている。中性子が侵入に成功すると、核が中性子のエネルギーを受け取り、振動を開始する。

図 1

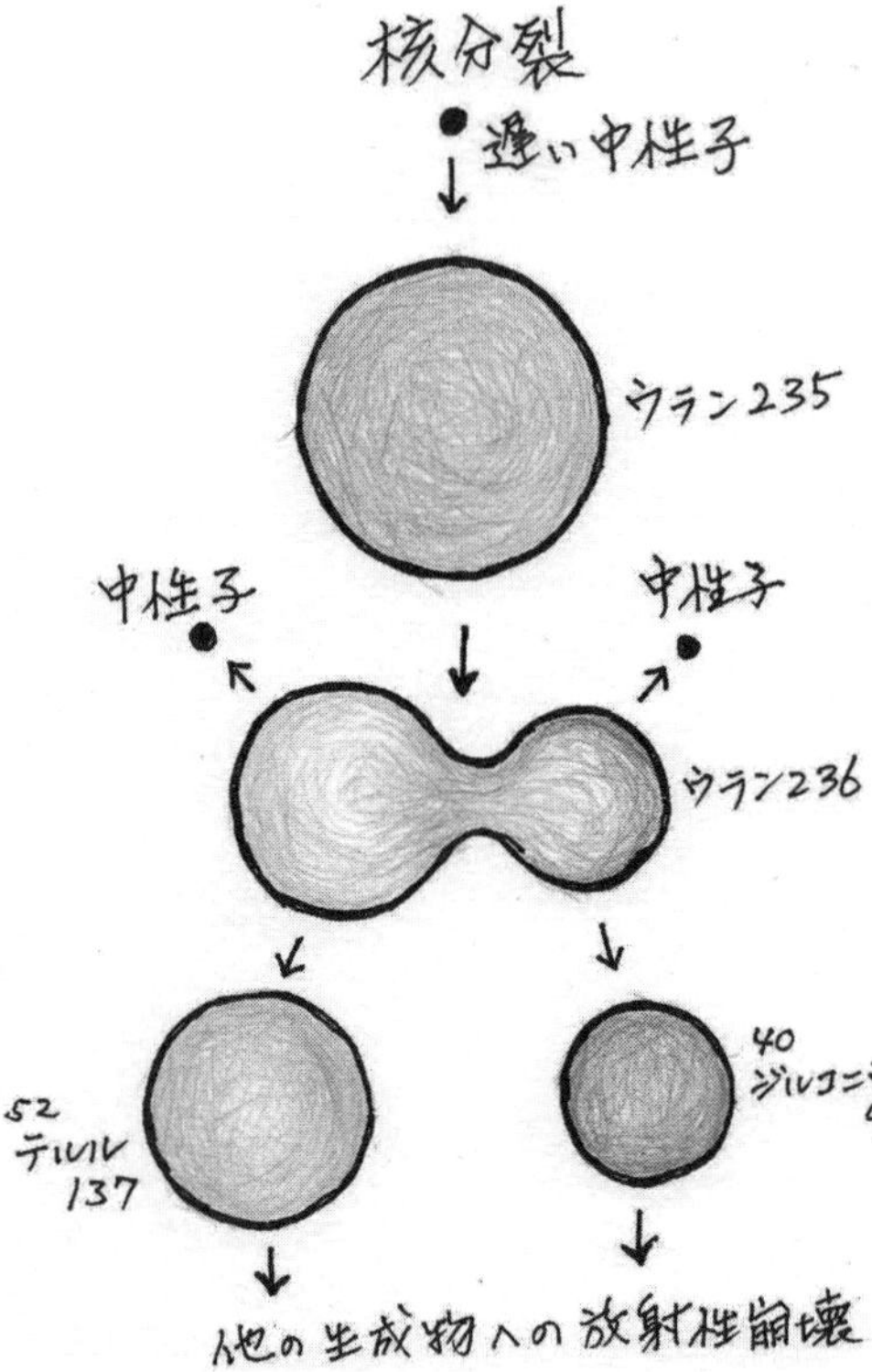

次の段階を表わすひょうたん型の図は、くびれができ、球状の核がまるで落花生のような形になった状態を表わしている。核力（強い力）は働く距離がとても短いから、形が崩れ、ひょうたんのような形になると、二つのふくらみの間に力が及びにくくなる。すると電気の反発力（斥力）が核力を凌駕し、ふくらみがいよいよ二つに離れようとするのを抑えられなくなる。ある段階までは核力と電気力のあいだで綱引きが続くが、ある距離以上にふくらみが離れると核力は急激に弱体化する。

第三段階になると、核力は電気反発力に打ち勝つことができなくなり、核は分裂してしまう。

それまで一つだった原子核は二つの分裂片となって、相応のエネルギーを抱えたまま反対方向に吹っ飛んでゆく。分裂直前の第二段階で、中性子が放出されている様子を見てみよう。ひょうたん型の核子は中性子を二つ放出しているようだ。テルル137とジルコニウム97の原子番号を足すと92になり、ウランの原子番号に等しいが、質量数の和は(97＋137＝)234になるから、元のウラン236より二つだけ少ない。その足りなくなった二つが第二段階の終わりに核から飛び出した中性子に相当する。

核力から解放されたわけだから、分裂によって解放されたエネルギーは電磁気力であることになる。核内にため込まれた電気エネルギーなのだから、正確には電気ポテンシャル・エネルギーと言わなければならない、――このときばかりは「ポテンシャル・エネルギー」を普通に「位置エネルギー」と訳してしまうと意味が通じにくくなる。

核兵器によって解放されるエネルギーを核力だと勘違いしている人も少なくないが、そうではない。物質が湛える電気エネルギーのすべてではないにしても、動揺する原子核の内部で生じる核子同士の猛烈な摩擦が能う限りの電気エネルギーを引き出し、放出させるのである。詳細は後の講義に譲ろう。

2　連鎖反応の条件

簡単に条件を列挙することからはじめよう。

i．諸条件

(1)　中性子源……ラドン、ラジウム

(2)　(中性子) 減速材……パラフィン、水 (重水)、黒鉛 (グラファイト)：イタリア時代のフェルミ・チームはパラフィンを減速材として機能させることに成功したことから、次いで水を使用して効果を確かめた。結果、水中でも中性子が減速・拡散することが確認されたのである。

(3)　中性子を吸収する物質＝制御棒の材料になるものであり、通常はカドミウムとホウ素が用いられる。

(4)　濃縮ウラン (核分裂性の同位体)：簡単に言えば爆弾の原料であり、つまりは爆薬である。

ii．課題

(1)　障害：一回の分裂から二〜三個の中性子が放出されることが実験によってわかったが、濃縮ウランを用いても反応するのは圧倒的にウラン２３８のほうが多く、しかも質量２３８のウランでは核分裂に結実しない。その対策として採られたのは、ウラン２３８には高速の中性子を取り込む傾向があるから、中性子の速度を落としてウラン235に送り込んで、核分裂を効率的に引き起こすように工夫した。

(2) 解決策：濃縮ウランの塊を小分けにし、それぞれの塊のあいだに減速材を置く。また、ウランの塊の周りにも減速材を配置し、減速材で取り囲まれた内部で連鎖反応を導くようにした。

(3) 目標：中性子倍増率kの値を1超にすること。つまり中性子一つから連鎖反応により放出される中性子の量（＝数）を一つ以上の値にしなければならない。そのため「パイル」と呼ばれる黒鉛ブロックを積み重ねた装置を建造することとなった。この「パイル」が原子炉のプロトタイプである。

〔資料3〕フェルミたちは、黒鉛ブロックを積み重ね、何本もの黒鉛四角柱をつくった。最初の黒鉛柱の大きさは、一辺三フィート、高さ八フィートである。これらの黒鉛「パイル」のひとつの根元の部分に中性子源となるラドンとベリリウムを配置し、高さを変えながら中性子強度を測定する（「パイル」という名はフェルミが命名した）。中性子強度は、ロジウム箔内に生じる放射能を測ることによって間接的に測定するが、パイルの上のほうにいくほど、吸収や側面からの散乱によって低下していく。このデータから、黒鉛の性質を推定することができるのである。その後、パイルの各所に規則的にウラン（酸化ウランの塊）を配置した。

後にさらに多くのパイルを生み出し、それからの三年間フェルミ・チームが没頭することになる研究が始まったのである。彼らは、それまでのアメリカの技術力を超える高さまで黒鉛の純度を高めるという、大きな問題を解決した。同じようにウランの純度も問題だったが、こちらはアイオワ大学の化学者チームがウラン純度を高める方法を開発した。このとき値千金の働きをしたのがシラードである。「非実用的な夢想家」である彼が、より純度の高い材料がより多く得られるところを探すという実用的な仕事を買って出たのだ（クーパー『エンリコ・フェルミ』七五頁）。

シラードはある意味、マンハッタン計画の発起人に近い人物だ。ルーズベルトに書簡を送るため、アインシュタインの知名度を利用したり、フェルミの説得に当たったりと、彼の活躍はかなりのものだったが、その最大の

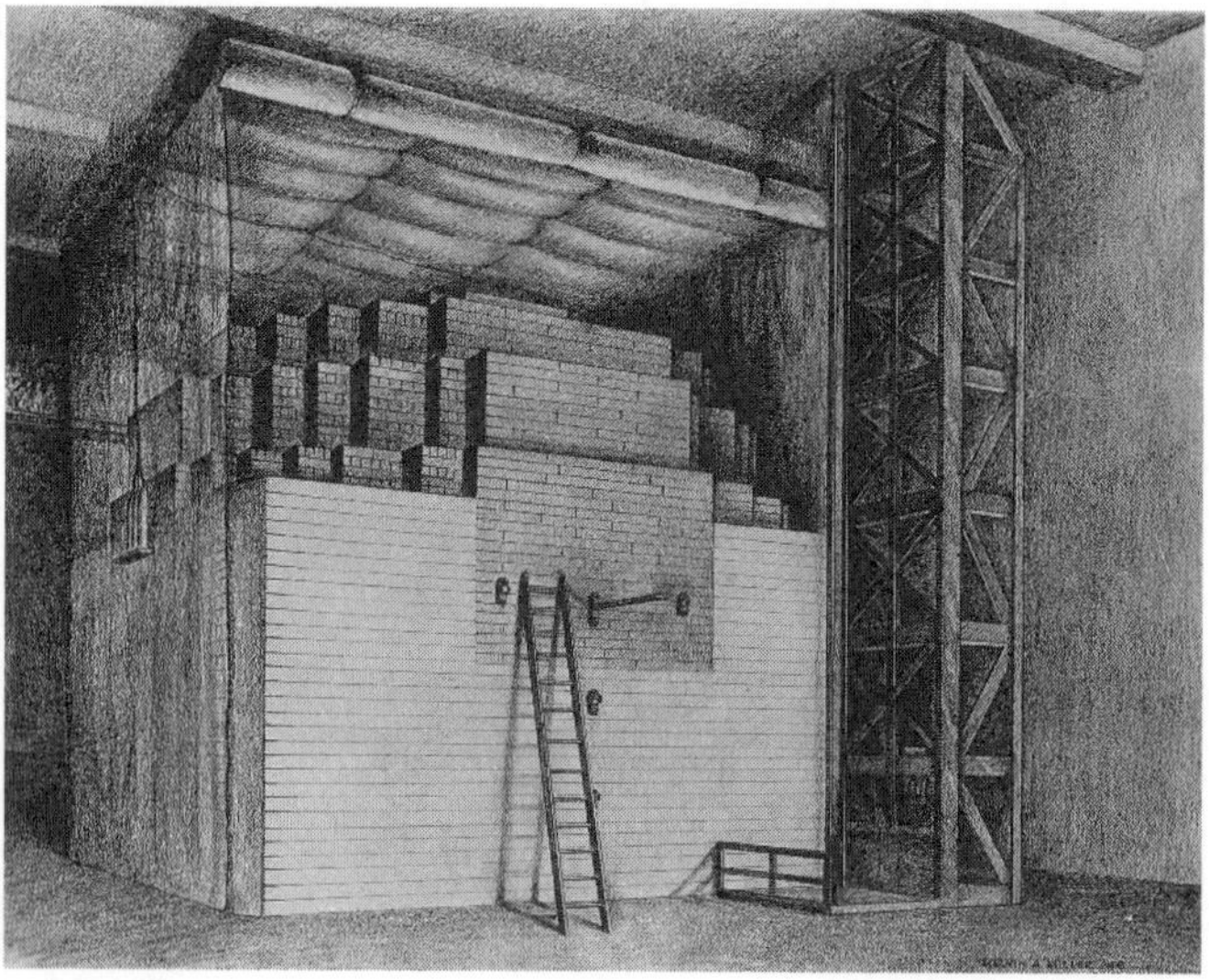

パイル

動機はドイツの地に残ったハイゼンベルクの能力にあった。それゆえ、独立独歩で権力の意のままにならないシラードを動かしたのは、おそらくオッペンハイマーの手腕とはまったく関係ない。むしろ彼みずから動いて作戦に貢献しようとしたのだろう。そして、彼が積極的に動いたということは、それだけフェルミ・チームの実験が順調に進んでいることを意味していた。

3　コードネーム「冶金研究所」

一九四二年、それまでバラバラに行なわれていた連鎖反応の研究をシカゴ大学に一本化することとなり、フェルミもチームとパイルをシカゴに移動させた。

〔資料4〕一九四二年三月、コードネーム「冶金研究所」と名づけられた秘密プロジェクトにより、それまで数箇所で別々におこなわれていた連鎖反応の研究がシカゴ大学に一本化された。やむを得ずフェルミも自分のチームとパイルをシカゴに移し、1超の増倍率を達成するための研究を続けた。

一九四二年十一月中旬、ついに目標の倍増率で完全に自律的な連鎖反応を発生させるパイルを建設する作業が整った。大学のフットボール・スタジアムの正面スタンドの下に、使われていないスカッシュ・コートがあった。この少し意外な場所で、フェルミ・チームの手によって産声を上げたのが、シカゴ・パイル1号（CP－1）である。

CP－1の全体は、幅二五フィート〔七・六メートル〕、高さ二〇フィート〔六・一メートル〕のややつぶれた球形である。徴兵待ちの体格の良い高校生の手を借りて、慎重に加工した四〇〇トンの黒鉛、四〇トンの酸化ウラン、六トンの金属ウランを一段一段積み上げていった。きつい作業である。一二時間ずつ二交代で、昼夜を問わず作業は続いた。

黒鉛には細長い穴を開け、中性子を吸収するカドミウムで覆った板を挿入できるようにした。この板が世界初の原子炉制御棒である〔ここで「原子炉」と言っているが、「パイル」に代わって「原子炉」と呼ばれるようになるのは、これより何年か先のことである〕。試験では、この装置で増倍率kが1を超えることがわかっていた。この装置は、側面から中性子が漏れても支障がない十分な大きさをもち、「臨界」に達するのに十分な量と純度のウランと黒鉛を備えていた。フェルミの計算では、そのはずだった（同七七－八頁）。

kがほんのわずかでも1を超えると（k=1.0003）、中性子数は世代ごとに増加し、核分裂の回数も増加してゆく。分裂エネルギーも時間とともに増加するから、パイルの温度も上昇し、最終的にはパイルの構造物を溶かしてしまうだろう。

「一・〇〇〇三なんてほとんど一じゃん」と思われたかもしれない。しかし、連鎖反応は最短で一世代につき約一億分の一秒という猛烈な速度で進んでゆく。言い換えるなら、一秒のあいだに最大で一億世代である。パソコンやスマホの電卓を関数電卓モードにした上で「一・〇〇〇三」と入力し、次いで「X^2」を連打し、連打の回数を数えてみよう。連打数がそのまま世代数になる。一一回の連打で表示される数値は一・八五になり、一二回目で三・四になった。一三回目になると二桁の一一・六となり、一四回目では三桁の一三六まで達してしまう。これでは一〇〇万分の一秒にも満たないきわめて短い間に暴走しかねない勘定になる。このあと、われわれは途方もなく慎重に事を運ぶフェルミの姿を見ることになるが、電卓を簡単に操作しただけでも、きわめて精密な制御が必要な実験であったことがわかる。

暴走を押さえる役目は制御棒とそれを通すために空けられた穴である。パイルは暴走に向けて連鎖反応を高める働きをしなければならない。したがって、パイル自体は減速材と反射材の両方の特徴を備えている必要があった。いわゆる「臨界」(k=1.000 000 000 ……)を維持できれば、決して暴走は起きない。また、中性子を減速させ、分裂の世代間隔が長くなることや、超臨界になっても(k=1超)、パイルの温度が上昇すると、ウランや構造物が膨張して、核分裂反応が低下するように建造されていた。構造物の設計それ自体にも暴走を抑止する効果があったのである。

フェルミたちが目指したのは、自立連鎖反応だった。それはkの値が1ないし1以上を達成するパイルを完成することだった。さまざまな角度から検討しながら建造作業を進めた結果、第二層まで積み上げた段階で、最適なパイルは第五六層まで積み上げなければならないと判明した。つまり五六層で十分ではあったものの、念のため一層多い五七層まで積み上げることに決定した。

その上でフェルミが行なったことに注意を促しておきたい。

〔資料5〕一九四二年十二月二日水曜日の朝、フェルミはチームのメンバーを招集した。パイルの動作については完全に理解している自信があったが、不測の事態に備えていくつかの安全対策を施した。まず、電子計数管で計測する中性子強度が上がりすぎた場合に、制御棒の一本が自動的にセットされて、パイルを停止するようにした。予備として、安全棒をもう一本用意した。こちらはロープで吊るしておき、ロープを斧で切断するとパイル内に落ちる仕組みになっている。最後の備えとして、三人の若い物理学者を「決死隊」として待機させた。彼らは中性子を吸収する硫酸カドミウムの入った容器をいくつも抱え、いざというときにはそれをパイルに注ぎ込むのである（同八〇頁）。

この資料で語られているのは、いわゆる安全対策である。この場合の対策は「安全神話」をでっちあげることではないし、安全という言葉が意味するものも初めから安全な装置を作るということを意味していない。つまり、フェルミの行なった安全対策は日本の原子力政策とは最初から何もかも（意味も質も）異なっていたのである。

非常に危険な材料を用いて、きわめて危険な状態（kの値が1以上に達すること＝超臨界）に陥るのを目指すということ、もしくはその能力を有するものを前提にして設計、建設、操作されており、外部から人がその「状態」や「力」をコントロール（制御）する、という思想に基づいていた。

つまり、原子炉そのものは、運転すれば自動的にk＝1へと接近し、やがて臨界に達し、臨界を超えて超臨界に達するよう見込まれている。だからkの値を外から増減（コントロール＝制御）できるようにしなければならない。増加しすぎた中性子を減少させる材料はカドミウムだった。それは核分裂を引き起こすことなく、中性子を吸収する確率が高く、「中性子を食べる」と言われていた。カドミウムを材料にして作られた装置こそ、福島の原発事故の際、日本人がニュースでさんざん耳にした「制御棒（control rod）」だったのである。

しかし制御棒だけでは安全対策としていかにも心許ない。たとえkが1をわずかに超えただけでも放射性廃棄物（核分裂片）がパイル内に蓄積し、放射線がパイルの外に漏れ出してしまう危険があった。

だから、制御棒のほかに安全棒を用意し、さらに決死隊をスタンバイさせておく。日本は安全神話に頼るばかりだったから、決死隊など雇ったことすらなかったし、未だに雇っていない（きれいごとばかりの安全対策が今もってまったく変わっていないのは、東電や行政のHPで誰でも確認できる）。それゆえアメリカの原発には今も決死隊要員が雇われていることは銘記されてよい。そして……

〔資料6〕フェルミは、パイルを自立状態にもち込む作業を体系的に進めたかった。まず、すべての制御棒を完全に差し込んだ状態で測定した中性子強度が、前夜アンダーソンが測定した値と同じであることを確認した。次に、残る一本のカドミウム制御棒の調整を担当する若い物理学者ジョージ・ウェイルに命じて、半分だけ引き抜かせた。予想した通り、中性子強度が上がり、やがて一定のレベルに落ち着いた。計数管の音を聞く限りはすべて順調と言えそうだが、中性子レベルを測定し、その増加速度を計算するまで安心はできない。フェルミは計算尺を使って、自立状態になるまであとどれくらいか計算した。この計算尺は、定規のような真ん中の部分を両側の固定部の間ですべらせるだけで、掛け算、割り算から対数計算までできてしまう優れものだった。フェルミの手にあれば、それはどんな計算も必要に応じておこなうことができた。

はじき出された数値が満足のいくものだったので、フェルミはウェイルに命じて制御棒をさらに六インチ（十五センチ）引き抜かせた。そして慎重に中性子の増加率を確認し、増加が落ち着いたときの強度を確認した。再び計算尺で計算し、さらに六インチ制御棒を引き抜かせた。すべては順調である。こうして、制御棒を引き抜いては測定をおこなうとして作業を繰り返した。

作業を繰り返すたび、中性子強度の上昇とともに計数管の鳴るテンポが速まり、やがてその速まったテンポで安定する。そのうちに増加率が上がりすぎ、いくつかの計器の表示レンジを調節しなければならなくなった。フェルミは、新たなレンジでの値がそれまでのレンジでの値からずれていないことを確かめた。そして、ウェイルに命じ、制御棒をさらに六インチ引き抜かせた。

そしてまた強度が上がった——と思ったとき、クラッシュが起きた！　自動安全棒が一気に滑り落ちる——予定通りに。

すべては順調と確信したフェルミは、いつもと変わらず落ち着いて、昼休みにしようとみんなに告げた（「腹が減ったな！　昼飯にしよう！」と言ったといわれる）。ほかの研究者だったら、なるべく早く臨界にもち込んで自立的連鎖反応を実現したいとの気持ちから、実験を続行していたかもしれない。しかし、フェルミはそうしなかった。ひとつには、考えるにしても行動するにしても、彼が常に慎重だったからである。もうひとつの理由は、彼がイタリア人だったからである。イタリア人にとって、決まった時間に昼食をとることはひとつの儀式のようなものであり、アメリカに移住しようが、緊迫した戦時研究の最中であろうが、それは変わらないのだ。そういうわけで、制御棒をもと通りに差し込み、固定して、みんなで食事に出かけた（同八一－三頁）。

文中の「計数管」はガイガーカウンターのことである。また、あらゆる書き物に付きものだが、厳密に事実を伝えようとすると膨大な分量になるから、ある程度の脚色はやむを得ない。たとえば、資料ではすべて順調に進んだように書かれているが、山田克哉は『原子爆弾』（講談社ブルーバックス）において「まだパイルが臨界に達していないのに安全棒が自動的に働いてしまい、パイル内に落ちてしまった」（三二三頁）と述べており、ミスないし失敗が起きたかのように綴っていた。しかし、資料に引いたテキストではそのミスないし失敗に見える出来事でさえ「予定通り」だったと記されている。

そして、みなの逸る心を落ち着かせるかのように「昼食にしよう」との有名な一言が発せられた。フェルミの言動（「昼食にしよう」）については、しばしばイタリア人としての特徴が挙げられることが多い。その是非はともかく、イタリア人にとって昼食が特別なものであることだけはどうやら確かなようである。

余談になるが、とりわけ余談を重視する立場から、オーソドックスなイタリア式の食事に言及しておくことにしよう。

朝食はシンプルにカプチーノやカフェラッテのみ。よく食べる人でもブリオッシュやコルネット（コロネ）を一つ食べる程度で済ますという。

当然、お腹が空くので11時頃になるとメレンダ（おやつ）休憩を取る。

そして13時から昼食の時間になる。一日のなかでも昼食の時間をもっとも大切な時間として捉えるのがイタリア式である。

イタリア式昼食では、まず一皿目にパスタかリゾット、ミネストローネがくる。

二皿目は肉か魚の料理。

そして三皿目にサラダ、ゆで野菜、フルーツ、コーヒー。

これら計三皿が最低限のコースと言われている。

イタリアでは「昼食を粗末にするとからだを壊す」と考えられていて、そのため大学の学生食堂には国から補助が出ていて、全学生が日本円にして一食一五〇円程度でコース料理を食べることができたという。最低限の三皿をよく見てみよう。一皿目で主に炭水化物（つまり脳や神経系を動かす燃料としての糖質である）を摂り、二皿目には身体組織の材料になるタンパク質がメインになり、そして三皿目ではビタミンを中心に摂るよう配慮されている。最低限を見ると逆にしっかり配慮されていることがわかる。

今はずいぶんと様変わりしたようだが、伝統的なイタリアの昼食では通常、家族で一緒に食事を愉しむようにしており、その場合には一三時から一六時までが昼食の時間になり、ゆっくり時間を取って水入らずの時間を過ごすのだという（水ではなく、ワインをいただくようだが……）。

さて、先にも言ったとおり、フェルミの言動はいかにもイタリア風であるが、この日についてはそれだけで済ますのはまちがいのような気がしないでもない。むしろ彼は自分の行動・言動がイタリア風と解されるのを承知の上で、あえてそうしたのではなかったか。

つまり、パイルと同様に、人々の逸る気持ちを一度クールダウンさせる意図があったにちがいない。まず第一にあったのは、フェルミの慎重さであり、次いで午後はまだ長いということである。実際、臨界の実現は一七時を過ぎ、間もなく一八時になろうかという時間帯だった。

とはいえ、イタリア人が昼食に時間を掛けるのもまた事実である。昨今ではイタリアでもアメリカ化の波には逆らえず、年々昼食の時間は短くなり、平均で三〇分程度とずいぶん短くなってしまった（アメリカ化という世知辛く、せせこましい流れにはイタリア人といえども逆らえな

かった か……)。二〇世紀末の調査では平均の昼食時間はまだ一時間五三分(二時間弱)だった。イギリス人は今や二〇分以下らしいから、三〇分の時間を確保できれば、まだましなのか……。とはいえ、イタリアでは今でもリストランテやトラットリアで昼食を取る人が四割以上もいて、コースを注文する人も全体の四割弱(三八パーセント)にのぼるらしい。減ってもこの数値というのはなかなかのものである。昼食に十分な時間を費やす分だけ、イタリアでは夕食を軽めに済ます傾向にあり、だいたいがピザかパスタを食べて、それで終わりになるそうだ。

4 臨界

さて、実験の再開である。

〔資料7〕フェルミは意外なことをした。再び、今度は慎重に、安全棒を挿入し直したのだ。いったん強度を下げて、さらに広い範囲にわたって強度の上昇を確認したかったのである。次に、フェルミはウェイルに命じ、制御棒をそれまでよりも大きく、十二インチ引き抜かせた。そしてついに安全棒が引き抜かれた。もうレベルが落ち着くことはない。強度は上がり続けた。フェルミの視線はチャートレコーダーと計算尺の間をせわしなく行き来した。上昇は止まらない。

「自立反応だ」。このときのフェルミの一言は、その場にいた仲間たちの記憶に今も残っている。

フェルミが浮かべた満面の笑みとともに。

　そのままさらに十一分間、強度を上昇させた後で、すべての制御棒を挿入し、固定した。出力は最大でも〇・五ワットにしか達しなかった。しかし、このささやかな一歩から、膨大なエネルギーと破壊力を生み出す新たな道具を、人類は手にするようになったのである。

〔中略〕

　祝福のときである。パイル理論でフェルミと肩を並べるハンガリー生まれの物理学者ユージン・ウィグナー（一九〇二－一九九五）は、こういうときに気が利く男である。彼は、あらかじめキャンティを一本もち込んでいたのだ。冷水器から紙コップを取ってきて、それを手にみんなで成功に乾杯した。歴史に残る出来事と感じて彼らの多くがキャンティのボトルの藁苞《わらづと》に署名した（同八二－三頁）。

資料中の「六インチ」は約十五センチメートル（一イ

臨界実験の様子

ンチ＝二・五センチメートル）と理解していただきたい。また、「自立反応」は「自律反応」と訳されるべきかもしれない。それはそれとして話を進めるとしよう。

昼食の時間を終えると、フェルミは再び仕事に取りかかり、慎重に、しかし自信満々で午後の実験を再開した。

安全棒の設定を、kが1以下の場合は落下しないようにセットし、最後の一本を残して制御棒をすべて抜いた。

そして、残る一本の制御棒を六インチずつ引いてゆく。

抜かれるたびに中性子数が増え、カウンターの出す警告音のリズムが早まってゆく。

周りで見守っている人々がそわそわし、もう安全棒が落ちてもよいのではないかと感じていた頃、フェルミは落ち着き払って「パイルは臨界に達した」と言った。

一九四二年十二月二日一七時五三分、核分裂連鎖反応が達成された瞬間である。

それはハーンとシュトラスマンの実験およびマイトナーとフリッシュによる着想から約四年後の出来事だった。

〔資料8〕浮かれた雰囲気ではなかった。その場に居合わせ、記録を残した人びとは、厳粛とも言えるほど静かだったことを強調しているように見える。ウィグナー自身も、自叙伝『対称性と反射』で次のように書き記している。「かねてより、われわれは自らの行為が巨人の戒めを解こうとする行為だということは理解していた。それでも、現実にそれを成し遂げ、予想もつかない遠大な影響がこれから現われるのだと考えたとき、ぞっとした気分を感じずにはいられなかった」。

治金研究所所長アーサー・コンプトンは、政府の国防研究委員会委員長ジェームズ・コナントに勇んで電話をかけ、暗号文で「たった今、イタリアの航海士が新世界に上陸した」と伝えた。

それは新世界だった。連鎖反応を最初に思いついたレオ・シラードは、みんなが去った後もその場に残り、フェルミと握手を交わした。そして「今日という日は、暗黒の日として人類の歴史に刻まれることになるだろうな」と言った。そのように彼が心配するのには、理由があった。恐ろしい核兵器が現実のものとなる日がまた一歩近づいたのである。この頃、原子爆弾に使うプルトニウムを生産する強力なパイルの設計が進められていた。そこでもフェルミは、大きな役割を担うことになる（同八四頁）。

資料7でわかるとおり、十一分の連鎖反応でたった〇・五ワットのエネルギーが生み出されただけだった。

イタリアワインの代名詞であるキャンティで乾杯したにもかかわらず、実験の現場はお祝いムード一色ではなく、厳粛な空気で充たされていた。

なぜか？　作った本人である以上、すでにわかっていたからである、「予想もつかない遠大な影響がこれから現われる」ということが――。

第4講
トリニティ実験

1　フリッシュ＝パイエルス覚書（一九四〇）

レオ・シラードら亡命ユダヤ人たちは逃亡先のアメリカ政府に働きかけるべくアインシュタインの名声を利用して手紙をしたためた。しかし、それが功を奏することはなかった。実際にアメリカを動かしたのは、イギリス政府からの報せによってだった。イギリス政府は危機を煽られたのではなく、原子爆弾の現実的な製造可能性を簡潔な情報として知らされたのである。政府を動かしたのは、リーゼ・マイトナーとともに核分裂を形式化したオットー・フリッシュと彼の同胞であるルドルフ・パイエルス（一九〇七－一九九五）が記した原子爆弾の製造法だった。フリッシュの自伝から、彼が具体的な製造の可能性に思い至った経緯を読んでみることにしよう。

〔資料1〕私は本当に、私が書いたことを信じていた。原子爆弾は不可能なのだ。しかし、原稿を書き上げてから、ふと、私のクルジウスの分離管がうまく動いたとして、その管を多数使えば、遅い中性子に依存しないで本当に爆発的な連鎖反応を可能とする、十分な量のウラン235を生産できるのではないかという気になった。いったい、そのためにどれくらいの量のウラン235が必要なのだろう。私はフランスの理論家のフランシス・ペランによって導出され、パイエルスにより精密化された式を使って見積もってみた。もちろん、核分裂で発生した中性子がウラン235と、どれくらい強く反応するのか知らなかったが、おおよその推定によりウラン235の必要量を算出してみた。驚いたことに、それは思っていたよりずっと少なかった。トンの重さの問題ではなく、一ポンドか二ポンド（約〇・五〜一キログラム）程度だった。

もちろん、私はすぐに、この結果についてパイエルスと話し合った。クルジウスの式の助けを借りて、私の分離システムの可能な効率を計算したところ、一〇万本ほど同様の分離管があれば、週単位の適当な時間内に、一ポンドのほぼ純粋なウラン235を作り出せるという結論に到達した。原子爆弾はやはり可能だったのだ。このとき私たちはお互いを凝視して、初めて、本当にそう思った。

なぜ、このとき、ここで、他人には何も言わずに、このプロジェクトを放棄してしまわなかったのかとしばしば訊ねられた。もしそれが成功すれば、比類のない凶暴な兵器、今まで世界が見たこともない大量破壊兵器を産み出す結果となるプロジェクトをなぜ始めてしまったのか。その答えはたいへん簡単である。私たちは戦時下にあり、また、私の思いついたアイディアがかなり当たり前のことだったからだ。十中八九は、ドイツの科学者の誰かが同じアイディアを持ち、動き出していると思われた。例えば、ドイツの科学者のグスタフ・ヘルツ（ビール一杯の純アルコールを飲むふりをした男）は、有意な量の（ウランではなくネオンの）同位体分離をすでに行なっていた。同位体分離の可能性は物理学者の共同体の中ではよく知られた事実だったのだ。そこで、パイエルスと私は、これまでの一部始終をオリファントに話しに行った。するとオリファントは、それを全て報告書に書き下ろして、その報告書を戦争に関連する科学的な問題についての政府顧問であるヘンリー・ティザードに送るようにと言った。すでに、原子爆弾については、ジョージ・トムソン（一八九七年に電子を発見したJ・J・トムソンの息子）を中心に議論されていたのだが、二、三週間の内に送られた私たちの報告書は、イギリス政府が原爆を本気で取り上げることを決定的にした（フリッシュ『何と少ししか覚えていないことだろう』一五七‐八頁）。

この資料から読み取れるポイントが少なくとも三つはある。

第一に、一定量の濃縮ウランさえ手に入れば、それによる核分裂連鎖反応が可能になるということである。

第二に、連鎖反応に必要な濃縮ウランの質量、すなわち「臨界質量」はかなりの程度まで算定可能であり、しかも計算の結果、算出された量は意外に少なかった。

第三に、フリッシュが叔母のマイトナーとは異なり、兵器開発に前向きだったことである。なぜ彼らは兵器開発のアイディアを放棄せず、逆に推進しようとしたのか？　その動機として挙げられているのは、

①当時が交戦中だったこと、すなわちそれゆえ敵国の科学者の能力について必要以上に想像力を逞しくしていた。その裏付けとなる能力（ハイゼンベルク、ハーン、ヘルツ等）がドイツ本国に残っているとなればなおさらである。

②フリッシュが自身の能力に関して必要以上に謙虚だったことも忘れてはならない。彼は自分の着想の独自性・特異性に関して冷静に判断しようとしていた。つまり、自分のような平凡な研究者でも思いついたくらいなのだから、ドイツに残った非凡な研究者たちの発想力をもってすれば、当然思いつくだろうし、さらに先を行っている可能性すら否定できない。

資料中で、フリッシュは臨界に必要なウランの量を一キログラム弱と見積もっていた。臨界質量とは、それだけ集めれば自動的に核分裂連鎖反応が始まる量を意味する。自発核分裂連鎖反応は勝手に核爆発が起こる分量だから、たとえば臨界質量の半分をそれぞれ左右の手に持って、勢いよく胸の前で合体させれば瞬時に臨界質量に到達するから即座に核爆発が引き起こされ、今いる場所に月面のクレーター並みの穴ぼこが空くことになるだろう。

もちろん実際の臨界質量はフリッシュの予測よりもかなり多く、ウラン235の場合は四六・五キログラムであり、プルトニウム239の場合は一〇・一キログラムになる。これだけの分量が揃えば当然、核爆発が起きるのだが、おそらく人が原爆や核実験という言葉で想像するような大惨事にはならない。相応の惨事は起こるけれども、町がまるごと一つ消滅するような事態は起こらない。というのも反応が始まるとすぐに膨張し、爆薬が四方八方に飛び散ってしまうからだ。もしも急膨張を防ぐためにカバー(「タンパー」という)で覆ったなら、臨界質量もグッと減って、ウラン235なら一五キログラム程度となり、プルトニウム239なら五キログラムほどで済む。

フリッシュ＝パイエルス覚書が臨界質量を実際よりも少なく見積もったことも功を奏した。より少ない量で実現するとなれば、それだけ脅威も大きく、また現実味を帯びてくるからである。その量が具体的な数値で示されていることも大きい。シラードやアインシュタインがしたためた書簡はいたずらに脅威を煽っただけで、具体的な製造可能性については何ら示していなかった。対して、フリッシュ＝パイエルス覚書が提示した案は具体的かつ単純であり、それゆえ敵国の科学者が気付く可能性についても十分に想像できた。つまり、シラードはアインシュタインの知名度を利用すれば効果を得られると信じたが、めぼしい効果は得られず、対照的にフリッシュのように自分の能力や地位に関してひどく謙虚な態度がむしろ政治的に有効な文書を書かせたことになる。

こうして彼らの作成した文書は正規のルートでイギリス政府に受理され、国家間の機密情報としてアメリカ政府に伝えられることとなった。

2 「リトルボーイ」の構造

作戦名「リトルボーイ」と呼ばれる核兵器は、種類としては「ガン式原子爆弾」である。ガン式はまた、ガンバレル式と呼ばれることもあり、ときにはガンアッセンブリー式とも呼ばれるが、それらの名が指しているのは同じである。

〔資料2〕ターゲットになる塊を厚いタンパーで覆い、ターゲットめがけて突進していくもう一つの塊の方にはその塊が突進できるよう化学爆薬〔例えばTNT〕を仕掛けておく。この装置全体を細長い金属容器に入れる。容器の一方の端にタンパーに囲まれた塊を固定しておき（ターゲット）、もう一方の端にはもう一つの塊（砲弾）と爆薬を置いておく。起爆装置によって爆薬が爆発すると塊（砲弾）はターゲットめがけて勢いよく突進していき、二つの塊は融

ガン式の基本設計

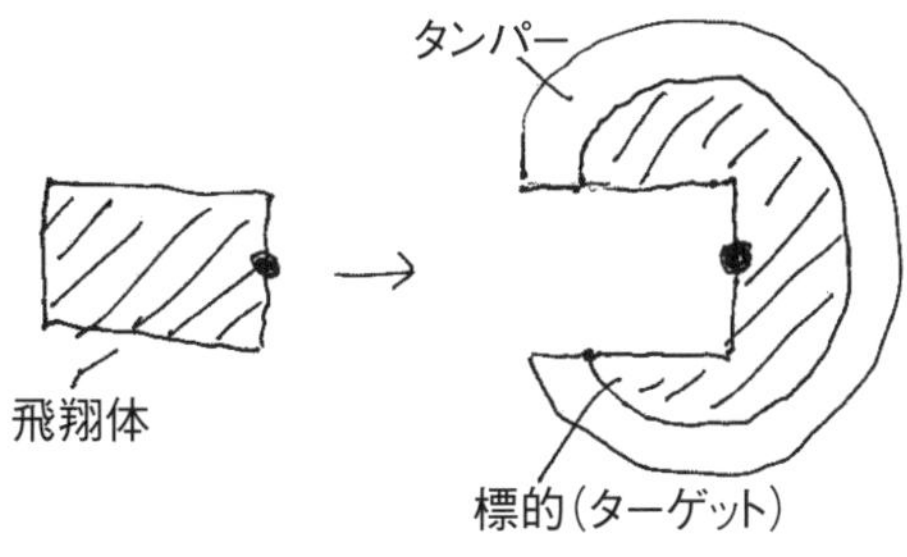

合して臨界質量以上となり、同時にイニシエーターが働いて中性子が飛び出し、連鎖反応が起きて爆発を起こす。この装置はちょうど銃（ガン）を撃つようになっていることからガン・タイプ（式）と呼ばれた（山田克哉『原子爆弾』講談社ブルーバックス、一九九六年。三八二―三頁）。

原子爆弾の製造方法を順を追って解説しよう。必ずしも時間的な順を追っているわけではなく、わかりやすい段取りみたいなものである。

①総量にして臨界質量を越えるウラン235を、未臨界質量の部分二つに分けておく。
②濃縮ウランには程度があるが、爆弾には高濃縮ウランが用いられ、全体の八〇パーセント以上をウラン235が占めている必要がある。残りはウラン238である。
③二つに分けたウランの片方を飛翔体にする。円筒状リングを組み上げて、幅が約十センチメートル、長さが約十六センチメートルにしたもので、ウラン全質量のうち四〇パーセントに当たる。残る標的のほうは、中空の円筒形に成形し、長さも直径も飛翔体がぴったり納まるように製造する。
④飛翔体は標的の中空部にぴったり収まるように設計されており、高射砲の銃身に装填される。銃身中の飛翔体は高射砲の発火装置によって標的の内部に向かって放出される。
⑤爆薬の中心部にイニシエーターとなる物質をそれぞれセットする。最終的にポロニウムとベリ

リウムの組み合わせが採用されることとなった。ウランの二つのパートが合体すると、ポロニウムから放射されるアルファ線がベリリウムの原子核に激突して、ベリリウムが原子核反応を起こし、中性子を放出するという手筈になっていた。

⑥標的が爆発の初期で飛び散らないよう厚いタンパーで覆っておく。

⑦飛翔隊（砲弾）の速度が遅いと、二つの塊がしっかり結合する前に核分裂反応が始まってしまう。その場合は早期爆発に終わり、十分な威力を発揮できない。言い換えるなら、砲弾の速度を秒速九〇〇メートル（時速三二四〇キロメートル）まで加速しないと未熟爆発や早期爆発を回避できない。臨界質量のウラン235の完全融合から連鎖反応を開始したとしても、最終世代数がなるべく大きな値になるような状態を実現し、爆発するようにしなければならない。

目指すべき最終世代はどれくらいになるのだろうか？

ウラン一キログラム中に含まれる原子核数は

2.58×10^{24} 個

中性子倍増率ｋに関して

$k = 2$

を実現する。つまりある世代の原子核が核分裂して放出された中性子が続く世代の原子核を少なくとも二つ分裂させて、さらにその世代の原子から放出された中性子が少なくとも二つの……

と続く。一キログラムのウラン235をすべて核分裂に導くのにn世代を要するとしたら、

$2^n = 2.58 \times 10^{24}$

と数式で表現できる。問題はnに入る数字を求めることである。

ちなみに2の累乗を10の累乗に近似させる換算式があるので、それを利用しよう。

$2^{10} \fallingdotseq 10^3$（$2^{10} = 1024$、$10^3 = 1000$）

であり、2の10乗は10の3乗に近く、パソコンや携帯電話の記憶容量はこの近似値で置き換えられることが多い。この方法を用いると、

$10^{24} \fallingdotseq 2^{80}$

となり、

$n = 80$

になる。これに最初の一撃を加味すると、

$n = 81$

したがって、爆薬がタンパーを内側から破壊して破裂するまでに核分裂連鎖反応を81世代までやり遂げることが当面の目標値として設定されたことになる。

これがガン式原爆、すなわち広島に落とされることになる原子爆弾の基本設計である。

3　プルトニウムの難点

ガン式は非常に単純な構造のため、その方式を応用できればよかったが、プルトニウム製の原子爆弾はガン式では製造できなかった。ボダニスによれば、「問題はプルトニウムが爆発しないということではない。まったく逆に、この新しい元素はいともたやすく爆発してしまうのだ」（ボダニス『$E=mc^2$』一七一頁）。

〔資料3〕組織を改編したにもかかわらず、一九四四年末になってもキスチアコフスキーのグループはグレープフルーツ大にゆるく包んだ球形プルトニウムを正確にクラッシュさせてゴルフボール大になるよう（レンズと呼ばれる）成形された爆弾をどうしても未だ組み立てられないでいた。レンズなくして爆縮型爆弾が実用的になるとは思えない。パーソンズ主任はひどく悲観してオッペンハイマーのところに出向き、レンズのことは諦めて、代わりにレンズを使わないタイプの爆縮を作り出す試みを提案した。一九四五年一月、この問題はグローヴスとオッペンハイマーが同席しているところで、パーソンズとキスチアコフスキーのあいだで熱く議論された。キスチアコフスキーはレンズを抜きにして爆縮は達成できないと執拗に言い張り、自分のチームならすぐに製造できるようになると請け合った。プルトニウム爆弾の成功に至る重要な決断をめぐって、オッペンハイマーは彼の発言を擁護した。続く数ヶ月内で、キスチアコフスキーと彼のチームは爆縮の設計をなんとか完成させた。オッペンハイマーは正しくも一九四五年五月までにプルトニウムのガジェットはうまく行くものと信じていた。

爆弾の製造は、理論物理の仕事というよりも工学の仕事だった。とはいえ、オッペンハイマーはバークレーで学生たちを刺激して新たな洞察に導いたときと同じように、科学者たちの力を結集して数々の技術的かつ工学的な障害を克服させるのに長けていた。「ロスアラモスは彼がいなければ成功しなかったかもしれない」と後にハンス・ベーテは言った、「けれど、たしかに〔彼がいなければ〕もっと大きな精神的な緊張を強いられたでしょうし、かなり熱狂に乏しく、また〔達成の〕速度も落ちるだけだったでしょう。実際、ロスアラモスでの経験は実験棟のすべてのメンバーにとって忘れられない経験でした。高度の達成を見た戦時中の実験室はほかにもありました……しかし、ともに感じたあれほどまでの魂の帰属感、ラボで過ごした日々を思い出す際に禁じ得ない強い感動、今こそ自分たちの人生における真に偉大な瞬間だと感じたものでしたが、そんなこと、他のグループのどれを取っても決して見られないでしょう。しかし、これこそがロスアラモスの真実であり、その主たる要因はオッペンハイマーにありました。彼はリーダーでした」(Bird & Sherwin, pp.281-2)。

たぶんオッペンハイマーは学問の「よろこび」の真髄に通じていた。だから、バークレーで若者たちを率いて画期的な論文を次々に生み出した時と同じく、ロスアラモスにおいてもオッペンハイマーの手腕は際立ち、軍事的な研究開発であるにもかかわらず、集団は熱を帯び、ある種の祭典にも似た空気をともなうようになっていった。とりわけ偉大な達成は爆縮を成し遂げたことにあった。ボダニスは言う、「プルトニウムの玉を一様に圧縮することなど、本当に可能なのだろうか。そんな疑問のために、この方法の実現には懐疑的な意見が多かった。ファインマンでさえ、爆縮に取り組んでいる物理学者の話をはじめて聞いたとき、「それは無茶だ」と断言した。だが、オッペンハイマーはその障害を乗り越えた」（ボダニス一七二頁）。

プルトニウム239はウラン238に中性子を撃ち込むことから作られる。原子炉を運転しているときも、ウランの核分裂や核反応から放出される中性子を別のウランが吸収することによりプルトニウムが生じ、増加してゆく。

プルトニウム239の半減期は二万四〇〇〇年であり、ウラン235の七億年と比較してもすこぶる短い。半減期が短いことは一般に反応性が高いことを意味するから、プルトニウムを使えばウラン235よりも少量で威力の大きい爆弾を作ることができそうだ。しかし、反応性がより高い放射性元素となれば、少量で強力な兵器を作れるかもしれないが、きわめて繊細な物質を取り扱わなければならない以上、保管や取り扱い方にも慎重さが要求され、設計にもいきおい精妙さが求められる。

プルトニウムにガン式を応用できないことは、かなり早い段階からわかっていた。あまりにも反応が早すぎて、未熟爆発を回避できないからだ。それゆえ設計思想を根本から考え直さなければならなくなった。

他にも問題はたくさんあった。例えば、原子炉を運転し続けると、プルトニウム２３９だけでなく、質量数２４０という副産物の同位体まで出来てしまうのである。プルトニウム２４０が何よりやばいのは、かなり高い確率で自発核分裂を引き起こしてしまう点にあった。その確率は質量数２３９のほぼ五倍にのぼる。つまり、人がスイッチを入れなくても勝手に核分裂を始めてしまうのだから、こんなものがたくさん混じっていたら、いつ勝手に爆発してもおかしくない原爆を作ってしまうことになる。

厄介なのは、すでにプルトニウム２３９になった物質をそのまま原子炉に留め置いていたら、次々に中性子を吸収してプルトニウム２４０になってしまうことだった。しかも半減期は六五六三年とかなり短くなるから、反応性もすこぶる高い。おまけにプルトニウム２３９から分離することはほぼ不可能だった。

そこで大事になってくるのは、質量数２４０のプルトニウムの割合をどこまで抑え込めるかだった。許容しうる最大量は七パーセントしかなかった。プルトニウム全体に占める質量数２４０の比をわずか七パーセント未満にとどめることができなければ、そのプルトニウム全体が未熟爆発を避けられない危険な材料として使い物にならなくなってしまう。

大きな難題はほかにもあった。核分裂生成物の中にも厄介なものが含まれていたのだ。全生成物の六パーセントがとりわけ中性子吸収率の高い物質、ヨウ素135だった。放射性ヨウ素は福島県の原発事故でも大量に排出されてしまったが、質量数135の半減期は非常に短く、六・六時間でキセノン135へとベータ崩壊する。ヨウ素135がたくさんの中性子を吸収してしまうと核分裂による中性子倍増率kの値が下がり、核兵器を高品質に保てなくなる。何より厄介だったのは、ヨウ素135のほうがウラン235よりも中性子吸収率が高いことだった。当然、それがあるだけで連鎖反応サイクルは中断してしまうから、原子炉を運転し続けるためにも対策は必要だった。通常、採られている対策は燃料棒の追加であり、実際に行なわれたのは一五〇〇本だった燃料棒の数を二〇〇四本にまで増やすことだった。

ここからが本題になる。

4 爆縮（implosion）型原子爆弾

i．すでに述べたが、プルトニウムにガン式は使えない。

(1) プルトニウムはそもそも臨界質量にできない。反応性がすこぶる高いというのも理由の一つだったが、もしもプルトニウム240の自発核分裂が始まってしまったなら、それを起点に始まる連鎖反応を誰にも制御できなくなるというのが最大の理由だった。

(2) ガン式を製造した場合、砲弾（飛翔体）が標的に到達する前に連鎖反応が始まってしまう。

射出速度をどんなに上げても反応を防ぐことはできず、必ず未熟爆発を起こしてしまうことがわかった。

そこで出てきたのが、

ii. ファットマンのレシピ

(1) まず臨界質量未満のプルトニウム塊を完全球形にしたものを一つ用意する。

(2) プルトニウム塊の周りを爆薬で包む。

(3) 爆破によって生じる三次元の衝撃波が内側に向かってプルトニウム塊を強く圧縮する。三次元の均等な波によりプルトニウムの体積は急激に縮小する。極度に圧縮された状態で核分裂が始まると、中性子倍増率kの値も1を超え、超臨界に達する。つまり体積が減ると、原子核の密度と分裂核の断面積が増加した結果として連鎖反応が実現し、爆発に至るのである。

iii. 衝撃波のコントロール

爆薬の衝撃波とはいえ、分析の対象が「波」である以上、専門分野は流体力学になる。

そこで駆り出されたのがハンガリーから亡命した驚異的な頭脳、ジョン・フォン・ノイマン（一九〇三－一九五七）だった。彼がある問題を考える過程で通り過ぎた命題群や解の多くがのちに別の研究者の主要テーマとなり、ノーベル賞やフィールズ賞（数学のノーベル賞）を授賞したという話題は枚挙に暇がない。ノイマンの仕事は一〇〇個のノーベル賞でも足りないと言われる猛烈な質と量を誇るものだった。しかも単純に計算能力だけで言ったら、フェルミよりもノイマンのほうが上だったと言われている――ノイマン型コンピュータを製造した際に放ったと伝えられる「私の次に計算の速い奴が出来た」という発言がつとに有名になった所以でもあるが、単に超人扱いすると却って彼の能力を見誤る可能性がある点にも注意しておこう。彼は問題を解く能力には人並み外れて長けていたが、肝腎の問題を創造する能力があまりなく、その意味ではなるほど怪物的な才能ではあったが、飛び抜けた優等生の域を出なかったのかもしれない。

さて、ノイマンが計算を任されたのは、衝撃波の到達速度の計算である。爆縮型の爆弾では、爆発の衝撃波がプルトニウム塊の全表面に同時に到達することが必須だった。そのためには球対称の球面衝撃波を寸分の狂いもなく、完全に同時にコアの表面に到達させなければならなかった。比喩的に言えば、「トマトを壊さずに潰す」技術の開発である。そのためには何が必要だったか？

iv. 爆縮レンズの設計

光がガラスや水の中に入ると速度が落ち、屈折する。虫眼鏡に用いられる凸レンズを透すと光は位相が揃ったまま一点に集中する。この現象の原理を爆弾の衝撃波にも応用したのだ。つまり衝撃波の伝わる速度の異なるＴＮＴ火薬を用意し、一方を他方のレンズに仕立てたのである。レンズとして利用される爆薬の中で衝撃波は減速し、屈折して球面波を形成する。爆発の衝撃波は同時にプルトニウム・コアに向かい、一部の隙もなく包み込むようにして爆薬を圧縮する。

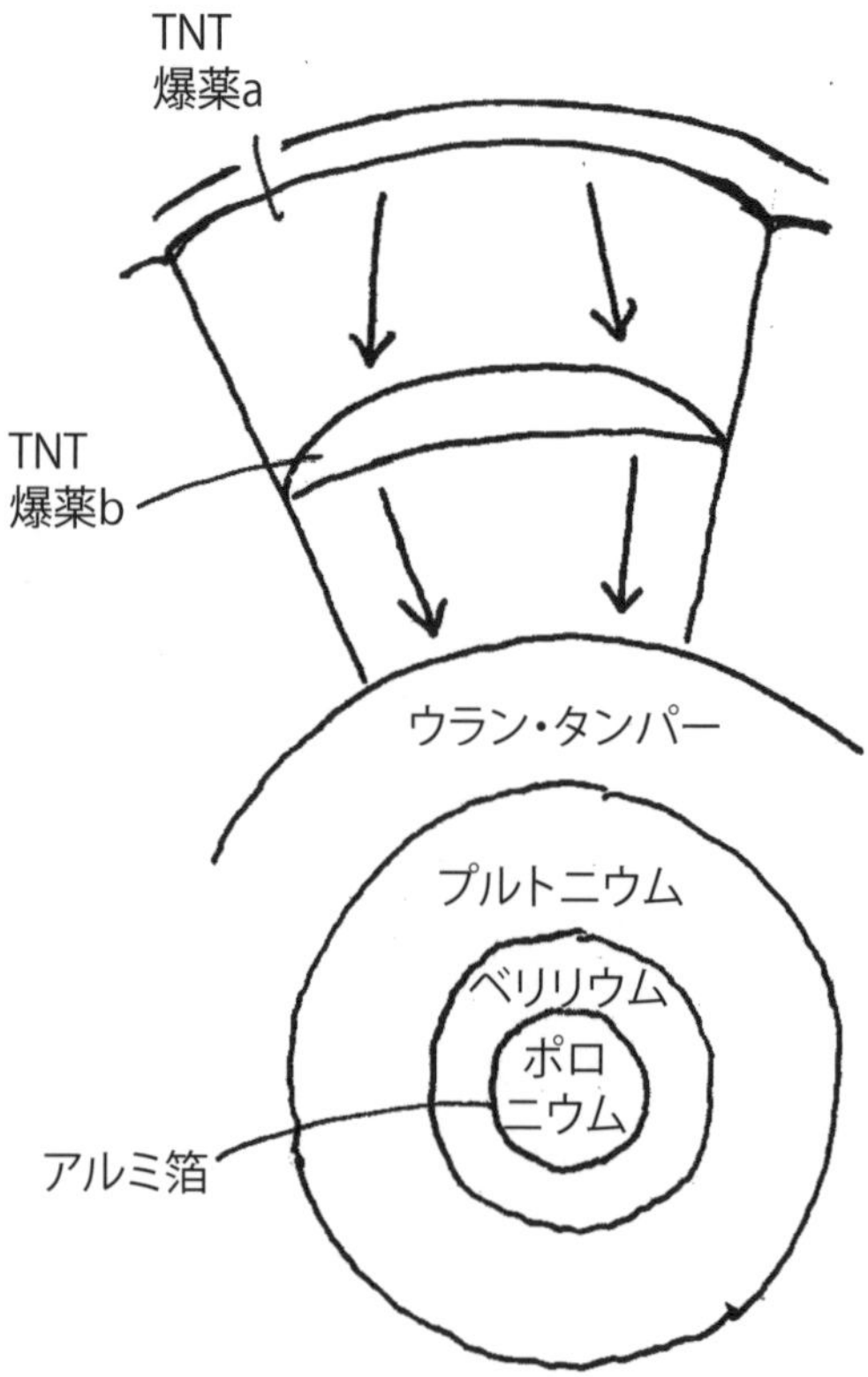

v．イニシエーター

コアの中心に空洞を作り、そこに中性子源を埋め込んでおく。

アルファ崩壊するポロニウムの球を四分の一ミリメートルの薄いアルミ箔で包み、その周りをベリリウムの粉末で覆う。製造段階においてはアルミ箔が核反応を妨げているわけだが、爆発による高温高圧に曝されて箔が溶けるとポロニウムが発するアルファ粒子がベリリウムに飛び込み、中性子の放出を促すという仕組みである。

vi．完成

ノイマンと彼のチームをもってしても、爆縮レンズを用いた爆発速度の計算と調整に一〇カ月にわたる月日を要した。最終的に出来上がった設計では、爆発速度の異なる二種類のＴＮＴ火薬を使って三二枚もの爆縮レンズを作成すると、それで爆弾を覆い、さらにその上をＴＮＴ火薬で包み込んで完成となった。

vii．実験（一九四五年七月十六日）

爆縮型の爆弾はきわめて精緻な構造で作られていたためか、ほんとうに製造に成功したのか否か誰にもわからなかった。となれば実験してみるしかないだろう。ファインマンが実験の様子をレポートしているので、まずはそれを読んでみるとしよう。

〔資料４〕全員に黒眼鏡が配られていた。黒眼鏡とは驚いた！　二〇マイル〔三二キロメートル〕も離れていては黒眼鏡ごしでは何も見えるわけがない。僕は実際に目を害するのは紫外線だけだろうと考え（いくらまぶしいからといって明るい光が目を害することはない）、トラックの窓ガラスの後ろから見ることにした。ガラスは紫外線を通さないから安全だし、問題のそいつが爆発するのがこの目で見えようというもんだ。

ついにそのときが来た。ものすごい閃光がひらめき、その眩しさに僕は思わず身を伏せてしまった。トラックの床に紫色のまだらが見えた。「これは爆発そのものの像じゃない。残像だ!」そう言って頭をあげると、白い光が黄色に変ってゆき、ついにはオレンジ色になった。雲がもくもく湧いてはまた消えてゆく。衝撃波の圧縮と膨張によるものだ。

そしてその真ん中から眩しい光をだす大きなオレンジ色の球がだんだん上昇を始め、少し拡がりながら周囲が黒くなってきた。そしてそのうち、消えてゆく火の中でひらめいている、巨大な黒い煙の固まりに変っていった。

だがこのすべては、ほんの一分ほどのできごとだったのだ。すさまじい閃光から暗黒へとつながる一連のできごとだった。そして僕はこの目でそれを見たのだ! この第一回トリニティ実験を肉眼で見たのはおそらく僕一人だろう。他の連中は皆黒眼鏡をかけてはいたし、六マイルの地点にいた者は床に伏せろと言われたから、結局何も見ていなかった。おそらく人間の目でじかにこの爆発実験を見た者は僕のほか誰一人いなかったと思う。

そして一分半もたった頃か、突然ドカーンという大音響が聞こえた。それから雲みたいなゴロゴロという地ひびきがしてきた。そしてこの音を聞いたとき、僕ははじめて納得がいったのだった。それまではみんな声をのんで見ていたが、この音で一同ほうっと息をついた。ことにこの遠くからの音の確実さが、爆弾の成功を意味しただけに、僕の感じた解放感は大きかった。

「あれはいったい何です?」と僕の横に立っている男が言った。

「あれが原子爆弾だよ」と僕は言った(ファインマン『ご冗談でしょう、ファインマンさん(上)』二三〇−一頁)。


ファインマンの資料からわかることがいくつかある。

身を伏せたトラックの床に映る色の変化に注目しよう。最初に「紫色のまだら」の残像が見えた。顔を上げると「白い光」が「黄色」になり、オレンジ色から黒鉛光に変わっていった。光は波長の短い高エネルギー波から紫、青、白、黄、オレンジ、赤、という順番になる。波長の長さは元素の振動数であり、短い波長ほど高エネルギーであるということは、温度が高い、つまり熱の漸進的な低下が色の変化から見て取れるということである。

当然、紫よりも強力な光は、紫外線であり、さらに強い光はガンマ線である。ファイマンはトラックの窓越しに幾ばくかのガンマ線を浴びたのかもしれなかった。

同じ場面を今度はフェルミの視点から再確認してみよう。

〔資料5〕ついに、世界初の原子爆弾の実験をおこなう時が来た。プルトニウム爆縮型爆弾がトリニティ地区で慎重に組み立てられ、高さ一〇〇フィート〔三〇・五メートル〕の塔のてっぺんに取り付けられた。爆弾は、いくつかの主要部分で構成されていた。先ず、中心にイニシエーターがある。これは中性子源としてよく使われるポロニウムとベリリウムの塊である。イニシエーターが最初にいくつかの中性子を放出し、そこから凄まじい連鎖反応が始まる。その周りをプルトニウム239の丸い塊で囲む。これはまだ臨界にならないように密度の低い状態である。それを取り囲むように、天然ウランのタンパーが配置される。これは核分裂は起こさないが、ふたつの重要な役割を果たせるだけ十分な重さをもつ。役割のひとつは、連鎖反応が開始した後に、中性子を反射して連鎖反応に加わらせることである。もうひとつは、爆弾の威力が最大に達するまでの数十億分の一秒の間、爆弾がばらばらにならないようにつなぎとめておくことである。タンパーの周囲を、五〇〇〇ポンド〔二二九〇キログラム〕の二種類の高性能爆弾で取り囲む。この爆薬は、タンパーを爆縮させてプルトニウムを圧縮し、超臨界状態をもたらす球形衝撃波を生み出すように、慎重に設計し、製造したものである。イニシエーターもいっしょに押しつぶされ、連鎖反応を開始する最初の中性子を放出する。

自動カウントダウンは、爆発予定時刻Tの四五秒前から始まった。ただひとり、物理学者ドナルド・ホーニグだけが、カウントダウンを止められるスイッチをもっていた。後年彼はインタビューに答えて、「あの最後の何秒かほどの緊張は、あれ以降二度と味わうことはなかった」と語っている。

カウントダウンが進む。誰もが緊張していた。この六年間やって来たことのすべてが、この結果にかかっているのだ。グローヴス将軍は、自叙伝『今だから話そう』のなかで、「最後の瞬間に近づくにつれ、水を打ったように静かになっていった。カウントがゼロになり、もし何も起きなかったらどうしたらいいのか、そればかり考えていた」と記している。

しかし、それはちゃんと起きた。一九四五年七月十六日月曜日、午前五時二十九分、爆弾は炸裂した。およそ一〇ポンド〔四・五キログラム〕というささやかな量のプルトニウムの爆発は、TNTおよそ二万トンに匹敵した。「ガジェット」を吊るしていた塔は完全に蒸発し、消えてしまった。塔の根元付近では、砂が溶けてガラスになった。砂地の地面はえぐられ、三〇〇フィート〔九一・五メートル〕のクレーターが出現した。人類史上かつてなかったことが起きた瞬間だった。

かつては「極秘」とされていた報告書に、この恐るべき出来事についてフェルミが語った言葉がある。「まっすぐ爆発の方向を向いていたわけではなかったが、遠くのほうが突然昼間よりも明るくなったように感じた。それから、〔溶接工が使うような〕色ガラスを通して爆発の起こった方向を見ると、すぐに炎の塊のようなものが立ち上るのが見えた。何秒か後には、立ち上る炎から光が消え、キノコのように上部が膨らんだ巨大な煙の柱になった。煙の柱は、凄まじい速さで雲をつき抜け、高度三万フィート〔九一五〇メートル〕まで上昇した」。

エミリオ・セグレは次のように書き記している。「圧倒的な光だった。そんなことが起きるはずがないと頭ではわかっていたが、爆発の炎が大気を燃やし、地球まで焼き尽くしてしまうのではないかと思った」。

ついに成功にたどり着いたこの計画の責任者、オッペンハイマーは、ヒンドゥー教の聖典「バガヴァッド・ギーター」の一節を思い出していた。「私は今、世界の破壊者、死神となったのだ」（クーパー『エンリコ・フェルミ』一一一‐五頁）。

ＴＮＴ火薬について簡単な説明をしておこう。ＴＮＴとはトリニトロトルエンの略であり、トルエンのフェニル基の水素のうち三つをニトロ基で置換した物質である。

$C_7H_5N_3O_6$

もしくは

$C_6H_2CH_3(NO_2)_3$

と表現できる。それぞれの元素の後ろの数を比較すれば、表現は少し異なるが組成が同じとわかるだろう。

トリニティ実験で爆縮型原爆の前にＴＮＴ爆弾で予行演習を行なったことに由来して、これ以降、爆薬の爆発などで放出されるエネルギーを等エネルギー量のトリニトロトルエンの質量に換算する方法をＴＮＴ換算と呼び、広く利用されるようになった。

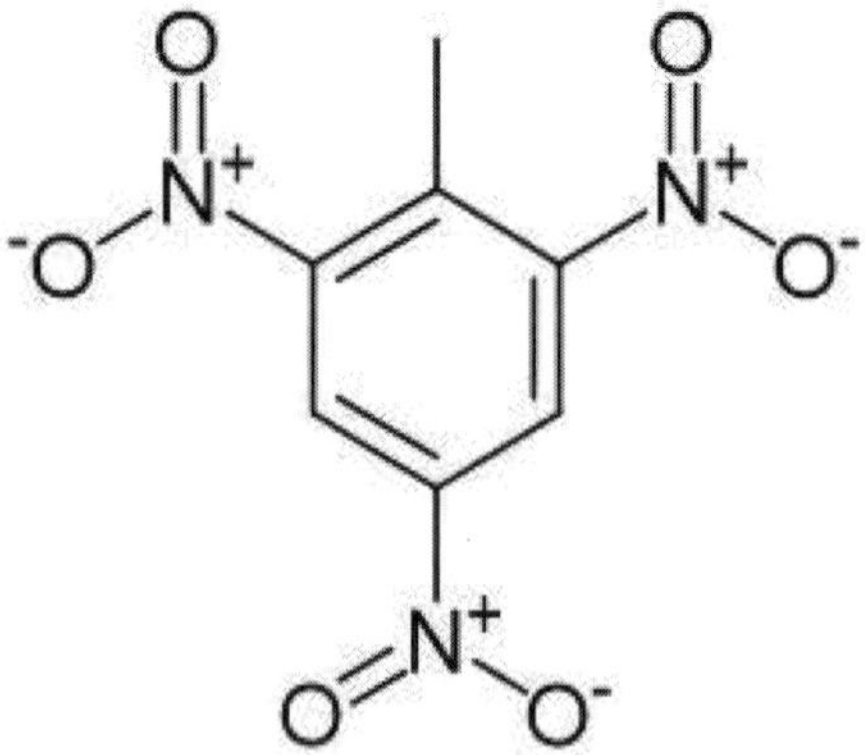

単なる習慣とはいえ、ＴＮＴ換算が便利なのは、

TNT1g ＝ 1000~1100cal ≒ 1000cal ＝ 1kcal

と扱うことができるからである。実際にTNT火薬は一グラム当たり九八〇～一一六〇カロリーの範囲に収まっているので、他の単位との互換性もある。TNT二万トンのエネルギーをカロリーに換算すると、二〇兆カロリー（二〇〇億キロカロリー）になる。

ちなみにオッペンハイマーの台詞は、ヒンズー教の最高神であるヴィシュヌ神が言ったとされる台詞で、もう少しカッコ良く訳すと、「かくて我は死神になりたり、この世の諸々の破壊者となりたり」となる。ただし、この言葉が実験に際して言われたという証拠はない。実際はどうだったのか？

〔資料6〕オッペンハイマー自身はグランドゼロから南に一〇〇〇〇ヤード（九・一キロメートル）に位置する制御掩蔽壕のやや外側で顔を下に横たわっていた。カウントダウンが二分の目盛りに達したとき、彼は呟いた、「主よ、この仕事は心臓にキツすぎます」。最後のカウントダウンが始まった時、軍の将軍が間近で彼を見ると、「オッペンハイマー博士は……最後の数秒が刻まれるにつれ、どんどん緊張していきました。彼はほとんど呼吸していませんでした……最後の数秒間は直接前を見つめ、それからアナウンサーが「今だ！」と叫び、途轍もない光の炸裂が現われ、続いてすぐに深く轟くような爆発のうなり声が響き渡ると、彼の顔は落ち着き、大きな安堵の表情になりました」（Bird & Sherwin, p.308）。

伝説はやはり伝説でしかなかった。はっきり言って、実験直後の発言としては出来すぎの話ではあったろう。ならば、その伝説はどうやって生まれたのか?

〔資料7〕オッペンハイマーは後に、グランドゼロから天に向かって立ち上るこの世のものとも思えないキノコ雲の光景に、ギータからの一節を思い出したと述べた。一九六五年のNBCテレビのドキュメンタリーで、彼は当時を思い返しつつ言った、「我々は世界が以前と同じではないと悟ったのです。何人かは笑い、何人かは泣いていました。ほとんどの人たちは押し黙っていました。私はヒンドゥー教の経典、バガヴァッド・ギータの一節を憶えていました。ヴィシュヌは王子におのれの義務を果たすべきだと説得を試み、そして実際に王子に悟らせるため、たくさんの腕をもつ形態の手を取って言ったのです、「今や我は死となり、世界の破壊者となった」と。私が思うに、我々はみな、そう思っていたのではないでしょうか」(*Ibid.*, p.309)。

実験に際して常人離れした台詞が咄嗟に口をついて出たわけではなかった。また、事後的に当時の様子を演出し、派手に修飾したというわけでもなかった。実際は戦争も終わり、実験からもかなりの時間を経た上で、直に実験に立ち会った人たちみなの感慨を代弁して、古代インドの経典の台詞を持ち出したというのが正直なところだろう。自分たちが作ってしまったものに対する驚愕と戸惑いの台詞というわけである。

しかし、その台詞が劇的であり、かつ情景にハマりすぎているからか、いつしか彼が現場で囁いた台詞であるかのように定着してしまった……というのが真相である。

さらに言えば、ケネス・ブリッジスがオッペンハイマーに掛けたとされる言葉も有名であり、「これで我々はすべて犬畜生にも劣る人間になった」にしても原文を見ると「Now we are all sons of bitches!」であり、なんともありふれた台詞だった……。

ところで、ファインマンが目撃した「紫色」に関して、参考のため別のテキストからも引いておくことにしよう、——「爆発の凄まじい衝撃波は、ゼロ地点〔ground zero〕から十数キロも離れた場所で実験に立ち会っていた人たちのズボンを揺らし、空は強烈な放射線が引き起こした空気の分子のイオン化〔電離〕によって紫色に染まった」（アクゼル『ウラニウム革命』二四六頁）。

ところでその頃フェルミは？


〔資料8〕爆発の火球が真昼の太陽よりももっと明るく空を照らしていたとき、フェルミは手にしていた小さな紙切れを地面の上に落とし始めた。彼はごく簡単な、しかし、高度に効果的で独創的な実験をしていたのだが、それは彼の仕事のやり方を象徴していた。風は比較的おだやかで、紙切れはまっすぐ床に落ちていった。だが、フェルミは、ゼロ地点から一六キロ離れた自分たちが立っている場所に凄まじい衝撃波が伝わってくることを待っており、そのマグニチュードを推定しようとしていたのである。フェルミは小さな紙切れを落とし続け、ほどなくして強風が吹きつけ爆音が伝わってきたとき、フェルミは、紙切れがどれくらい離れた地面の上に落ちているかによってその衝撃波のマグニチュードを驚くほど正確に推定した。こうした緻密で簡潔明快な実験は、私たちに「フェルミ推計」という言葉を思い出させるのだが、フェルミは、封筒の裏を使ってできるような簡単な計算によって物理学や数学の問題の核心を把握することによって、どのような複雑な問題にたいしても大まかではあれかなり正確な答えを見つけ出すことができた（アクゼル『ウラニウム戦争』二四六ー七頁）。

フェルミは何かを再確認するかのように簡易実験を行なっていた。グローヴスは実験の成否に気が気ではなく、オッペンハイマーたちは明らかに狼狽していた。フェルミはなぜ冷静だったのか？　答えは簡単だ。あの爆弾は彼が作ったからだ。自分が作ったものの威力くらいわかっていたから、たじろぎもしなかったし、自分を呪ったりもしなかった。彼はただ自分が成し遂げたことの意味を正確に理解し、解き放たれた力の程度を正確に知ろうとしていた。そして、この時点で彼のゲームはおそらく終わっていた。

問題は次の点にある。原子爆弾の製造は、ドイツを仮想的な競争者と想定することによって開始され、遂行された。しかし、実験に先立つ同年五月七日にドイツは降伏していた。この実験は、当初の動機からすれば、全くもって無駄な実験であり、作らなくてもよいものを作ってしまったことになる。

フェルミを含め、この時点では、マンハッタン計画にかかわった科学者のうち、誰一人として、自分たちの作った爆弾が本当に日本に投下されることになるなどとは夢にも思っていなかった。

そう、少なくとも科学者たちにとって、この時点では単なる科学実験でしかなかった。実戦での使用の是非をめぐって、間もなく科学者たちの議論が始まり、オッペンハイマーも意見を求められ、率直な意見交換がなされたが、それが軍や政府の方針に反映されたかというと心許ない……。

第5講
投下——ヒロシマとナガサキ

1　一九四五年の状況

一九四五年四月十二日、フランクリン・ルーズベルト米大統領が突然、死去する。それにともない、ハリー・S・トルーマン副大統領がほとんど自動的に大統領職へと昇格した。ルーズベルトはマンハッタン計画を承認した以上、何が行なわれているかに関しても関知していたし、動向についても承知していた。しかし、トルーマンはこの極秘計画自体、まったく知らされておらず、なんら引き継ぎもないまま大統領職に就いてしまった。これが後々の出来事に長く、深い影を落とすことになる。

同年五月七日には、ナチス率いるドイツが疲弊しきった状態で降伏した。のちに判明した事実によれば、ハイゼンベルクやハーンらによるドイツの原爆開発チームは「臨界」（連鎖反応）の達成はおろか、「パイル」の設計にすら着手できていなかった。物理学者としてのキャリアはハイゼンベルクのほうがオッペンハイマーよりも上だったかもしれないが、大規模かつ複雑な作戦の陣頭指揮を採るための手腕にかけてははるかに劣っていたと言わざるを得ない。したがって、連合国側にとって敵の陣営が先に原子爆弾を開発するという脅威はあっさり消滅したことになる。加えて、核兵器によってアメリカ本土が攻撃される可能性と脅威も自動的に雲散霧消してしまった。

しかし、そうなってくると余計な気掛かりというか、心配事がむくむくと頭をもたげてくる。すなわち、巨額の予算を投じた核開発計画の成果をいったいどこに求めればよいのだろう？　いわばアメリカ型の「成果主義」が求める「結果」も危うく宙に浮いてしまいかねない状況になった。

同年七月十六日、トリニティ実験が実施された。とりあえず実験の「結果」は大成功となり、巨大プロジェクトは素晴らしい成果に辿り着いたかにみえた。とはいえ科学実験の成功は具体的な戦果としての「結果」ではない。注意しなければならないのは状況としての戦時であり、求められる「結果」もその点に関わる。オッペンハイマーやフェルミは実験結果に十分満足したであろうが、同じ成果が軍人グローヴスにとっては「結果」と呼べるものとは言えなかったのは言うまでもない。

実験の翌日、すなわち七月十七日にポツダム会談が催された。出席者はイギリスのチャーチル首相、ソ連のスターリン首相、そしてアメリカのトルーマン大統領だった。ポツダム協定は戦後ドイツの分割統治に関するものであり、ドイツを東西に分割するだけでなく、のちに首都ベルリンに壁が築かれ、一都市をも東西ドイツに分割することになっていた。しかし、トリニティ実験がポツダム会談の前日に行なわれなければならなかったこと、および実験が成功裡に終わったことに注意しないわけにはいかない。そう、会談の課題ないし主題はもはやドイツではなく、軍事的なターゲットがすでにドイツから日本に移行していたことを暗に意味していた。ポツダム宣言は、アメリカ合衆国大統領、大英帝国首相、中国主席の連名の下、大日本帝国に対して発された一三カ条から成る宣言である。同宣言の中でもとりわけ重要な項目が「無条件降伏」であった。ソ連は一三カ条を会談の席ではなく、のちに追認する恰好で承認した。ポツダム宣言がいったい何を意味するかに関してはあとでやや詳しく検討することにしたい。

2　科学者たち

(1) アインシュタイン

一九四五年、日本への核爆弾の投下に関して、アインシュタインを中心とした科学者たちが何を考え、何をしていたかを資料から見てみよう。

〔資料1〕核兵器と非軍事的な原子力発電のいずれをも可能にしたのはアインシュタインの有名な方程式だったのだが、アインシュタインその人は、ローズベルト大統領に親書を送り、ドイツの原子力開発に対抗する核研究に着手するよう強く促していたとはいえ、核開発と「マンハッタン計画」にはまったく関わっていなかった。

ところで、「トリニティー」実験のときにはナチの脅威が消えてからすでに二ヶ月が経過していた。アインシュタインは戦後、「ドイツが原子爆弾の製造に成功しないとわかっていれば、指一本動かすはずもなかったのだが」としばしば語っていたと伝えられている。

それはともあれ、原子爆弾の威力を誇示するいかなる手段を取ることもなく、三日のうちに二発の原子爆弾を日本に投下したのは、いったいなぜだったのだろうか? 日本人が「トリニティー」実験の威力をなんらかの形で目の当たりにするようなことがあったとしたら、日本は降伏したに違いないと信じていた人は数多くいたからである。もっともその一方では、一九四五年四月から六月にいたる激戦によってすでに双方に多大の死傷者を出していた沖縄戦の後でも、降伏しないというようなことがあったとすれば、日本はさらに多数の死傷者を出さなければ降伏することはあるまいと考えていた人たちがいたこともつけ加えておかなければなるまい。

広島に原爆が投下される以前の一九四五年六月、ヒトラーの手を逃れて合衆国に移住していたユダヤ系ドイツ人物理学者ジェームズ・フランクとフランクをリーダーとするメト・ラボ(「シカゴ大学冶金研究所」)の科学者グループは、合衆国政府に宛てた覚書を書き、そのなかで日本に対して原爆を使用すべきではなく、砂漠か無人島で爆弾を爆発させることによってその巨大な威力を日本の指導者に誇示すべきだと力説した（アクゼル『ウラニウム戦争』二五二－三頁）。

アインシュタイン自身は資料でも語られているとおり、マンハッタン計画にはまったく関与していなかった。もちろん計画について何も知らなかったわけではないし、ロスアラモスの研究所を訪問したことさえあるが、少なくとも製造にはまったく関わっていなかった。むしろ必要とされていなかったと言っても過言ではない。しかし、アメリカの政府と軍がマンハッタン計画に踏み切る際、相対性理論の提唱者として、また大統領に宛てた書簡に署名したことで、心の疚しさを感じていたのは疑い得ない。実際には書簡の効果は疑わしいものの、アインシュタインの胸に疼く疚しい心は第二次大戦後の平和運動家としてのもう一つの経歴につながってゆく。

(2) レオ・シラード

レオ・シラードは第二次大戦後、アインシュタイン以上に平和運動に積極的に関わっていく（その効果は措くとしても）。ルーズベルトへの書簡に関しても、アインシュタインは署名しただけだったが、シラードは署名に際して彼を説得しただけでなく、書簡の本文を起草しさえしていた。その意味では彼はマンハッタン計画の発起人とでも言うべき特別なポジションにあったし、そう自覚してもいたのだろう。だから、ドイツが降伏し、トリニティ実験が成功裡に終わると、もともと平和主義者であり正義漢でもあったことも手伝って、実戦での核の使用を回避すべく各地へと奔走することになった。

〔資料2〕一九四五年の春の時点においては、ヨーロッパの戦争がナチスの敗北によってほどなくして終結することはすでに明らかだった。シラードはその頃、「爆弾の開発を続ける目的はいったいなんなのだろうか？　私たちが最初の爆弾を手にした時まだ対日戦争が終わっていなかったとしたら、爆弾はどのように使われるのだろうか？」という疑念を抱き始めたと回想している。

シラードは、科学者の目には見えないところで密かにおこなわれていると思われる政治的な意志決定に自らかかわろうと決意し、ローズベルト大統領に原子爆弾を使用しないよう請願する準備を始めた。アルベルト・アインシュタインに紹介状を書いてもらい、その紹介状を大統領夫人エレノア・ローズベルトに仲介してもらおうとしたのである。ローズベルト夫人は、一九四五年五月八日に面会を約束し、その時シラードは大統領宛の紹介状を彼女に託すつもりだった。ところが、この面会に先立つ一九四五年四月十二日、ローズベルト大統領が急死し、爆弾の使用反対を主張したシラードの請願書は宙に浮いてしまった。

トルーマンが大統領に就任すると、シラードはさらなる困難に直面した。彼を大統領に引き合わせてくれる仲介者が誰一人としていなかったからである（同二五四頁）。

その後、シラードはホワイトハウスに出向いてゆく。なんとかして新大統領に面会しようと試みるものの、トルーマンとのつてはまったくなく、結局、立ち話をする機会すら捉えることはできなかった。トルーマンの秘書官は、焦るシラードに対し、次期国務長官のジェームズ・バーンズにまずは面会すべきと助言したという。

シラードは列車でワシントンからサウスカロライナ州スパータンバーグに赴き、やっとバーンズに会うことができると、すぐに請願書の趣旨を彼に説明した。しかし、戦争の局面はすでに戦後のイニシアティヴ（政治的な主導権）をめぐって高度に政治的な判断がなされようとしていた。バーンズはシラードに対し、原爆の投下はソ連への圧力になると説明し、この考え方が戦後七〇年のアメリカの考えとして定着していった。

はたしてバーンズの言葉はシラードの予想に反していたのだろうか？　いや、シラードの懸念はむしろ的中していた。彼は原爆の開発に成功しただけでなく、それを実戦で使用することにより核開発競争、つまり冷戦が始まり、軍拡競争が激化してゆくことをむしろ懸念していたのである。アクゼルの著書からさらに引いておこう、――「シラードは、爆弾の投下を避けるため、次いでオッペンハイマーに面会を求めたのだが、オッペンハイマーもまたシラードをまったく相手にしなかった。オッペンハイマーは爆弾の使用は避けることができないと考えていたからであり、それと同時に、合衆国は、ソ連政府ばかりか、英国、フランス、中国にもそれを事前に通告すべきだと考えていた」（同二五五頁）。原爆の使用が戦後におけるアメリカのヘゲモニーを堅いものにするという信念を抱いた点については、ボーアもオッペンハイマーと同様だった。その点で、シラードは彼らよりも一歩先を見通していたし、それだけ悲観的であり、かつ現実的でもあった。

常に独断専行しがちなシラードが積極的に動きまわったあと、シカゴで働いていた科学者たちは連名で通称「フランク・レポート」なるものをまとめ、政府に提出することとなった。資料1の後半で言及されていたメトラボの研究者たちが出したという「覚書」がそれだが、実のところ、それはシラードが軍の「機密」をバーンズたちに漏らしたことに激怒したグローヴスを宥めるため、科学者たちが委員会を結成して、急ぎしたためたものだった。レポートは、しっかり手順を踏んだ上で、日本には原子爆弾の威力を誇示すべきであって、実戦においては使用すべきではないと勧告するものであった。

もちろんシラードの先走った行動と同様、フランク・レポートの勧告が功を奏したのか否かは歴史が教えてくれるとおりである。

3　無条件降伏

その次の段階を知るためには、アクゼルの次の文章から語り始めるのが適切だと思われる、――「シラードは、これは個人的な見解だと断った上で、日本本土に侵攻したりその都市を原子爆弾で攻撃する根拠など、まったくなかったと断言した」（同二五七頁）。

ならば、ひるがえって敗色濃厚であったばかりか、疲弊しきった日本はどうして降伏しなかったのだろうか？　イタリアはかなり以前に敗北していたし、ナチス・ドイツもすでに降伏していた。日本にはどこにも勝ち目は残っていなかった。にもかかわらず、ズルズルと降伏を引き延ばしていたのは、日本に突きつけられた降伏の条件が「無条件」だったからである。つまり折り合う条件が一つもない降伏であり、体面を繕う余地のない屈辱を呑まなければならない。

当時、日本政府は、敗戦は免れがたいとはいえ、なんとか折り合うことの可能な条件を見出すべく、話し合いの機会を切望し、必死に活路を探っていた。実際、日本があらゆる外交手段を使って仲介役を探し、交渉の足掛かりを探っていたのを、アメリカは暗号解読などを通じて完全に掌握していたのである。

つまり、アメリカは日本に降伏の意思があることを承知していながら、簡単には降伏できない状況に追い込み、降伏に至るまでの時間の引き延ばしに掛かっていた。その包囲網として使われたのが「無条件降伏」だったのである。つまり「日本がいかに絶望的な状況にあるかを手に取るように知っていたからこそ、トルーマンは一切の譲歩をあらかじめ排除した無条件降伏を日本に要求できたのだ」(同二八三頁)。

アメリカにとって、降伏ないし講和の条件をめぐって、二国間で交渉できない理由は何一つなかった。むしろ一切の交渉をしないという立場を採ったのである。敢えて交渉しようとしなかった理由は、もしも交渉してしまったら、それによってすぐにも失われてしまいかねないことがあったからである。その失われる可能性のあるものこそ、原子爆弾を投下する機会だった。軍と政府にとっては、巨費を投じてせっかく作ったのだから、どこかに落として、投じた予算に見合う戦果としての「成果」を示す必要が（是非とも）あった。今も世界中に巣くう経済的な「成果主義」の思想は根底において、求むべき結果を得るためには人命を犠牲にすることくらい平然とやってのけるのである。そう、今なお経済のためなら人命を犠牲にすることなど些かも厭わない姿勢が全世界に蔓延しているのであり、その生々しい真実を日々われわれは実感し、その目で確認できるではないか。

4　投下

たとえ兵器であろうとも、製造に要した資金は、それを使って出した被害の大きさや死者の数によって回収されるわけではない。にもかかわらず、成果主義の思想は出さなくてもよかった被害を出すことにより、あたかも被害の大きさが威力の大きさと釣り合えば、コストに見合う成果が得られたかのように収支を見積もってしまうのである。こうしてグローヴスは大統領に進言し、トルーマンは言われるがままに指令を出し、かつてない兵器を搭載した爆撃機が日本を目指して基地を飛び立つ。当時、陸軍による本土への上陸には至ってはいなかったものの、日本の制空権はすでに米軍に掌握されていた。それゆえ、爆撃機は燃料が持ちさえすれば、事実上どこにでも落とすことは可能であった。しかも、困ったことに彼ら司令部の頭にあったのは、日本が蒙るであろう被害や、日本人の被爆者たちの多くが辿るであろう行く末のことではなく、もっぱらソ連に対する威嚇であり、戦勝国、つまり当時はまだ仲間であったはずの国々に対する示威効果にほかならなかった。

開発に関わった科学者たちの意向や奔走はどれ一つとして実を結ぶことなく、爆撃機エノラ・ゲイはいよいよ広島の市街地上空に到達した。八月六日午前八時、まだ朝の爽やかな空気の残る時間だった。

〔資料3〕原子核には正の電気を帯びた陽子がひしめいているので、ふつうは外部からの粒子の侵入が阻止される。だが、中性子は電気を帯びていないので、陽子にも気づかれることはない。やってきた中性子は原子核のなかに割り込み、そのバランスを崩して、押し合ってぐらつかせる。

地中に埋もれているウランの原子は、どれも四五億年以上前に生まれたものだ。地球がつくられる前に存在したきわめて強力な力だけに、電気的に反発する陽子同士を一つに束ねる作業が可能だった。いったんウランがつくられると、「強い核力」が接着剤として働き、長い期間にわたって陽子をずっとひとまとまりのままに保ってきた。やがて地球の気温がさがり、大きな陸地があらわれた。アメリカ大陸がヨーロッパ大陸から分離し、北大西洋がゆっくりと広がっていった。地球の裏側では火山活動が盛んになり、いずれは日本になる陸地が形成された。これだけの時間がたつあいだも保たれてきた安定性が、いまや一個の余分な中性子によって乱されようとしている。

原子核が強い核力の束縛を断ち切るほどぐらつくと、すぐに陽子が静電気力によって分離する。一個の原子核の重さはたかがしれていて、その破片ともなるとさらに軽い。ウランのほかの部分に高速で衝突しても、それほどの熱は発生しない。だが、ウランの密度がじゅうぶんに高いので、連鎖反応がはじまる。ウランの原子核の高速で飛ぶ破片は、2個からすぐに4個になり、8個、16個と増えていく。原子のなかで質量が消滅していき、原子核の破片が動き回るエネルギーとして出現する。まさに $E = mc^2$ 大活躍の過程である。

エネルギーの倍々の放出は、すべてがわずか数百万分の一秒で起こる。爆弾は朝の湿った空気のなかにまだ浮かんでいて、外装の表面はかすかに結露している。わずか四三秒前には高度三万一〇〇〇フィート〔一万メートル〕の冷気の中にいたのが、いまや病院の上空一九〇〇フィート〔六〇〇メートル〕で気温が摂氏27度にまであがったためだ。あと一インチ〔二・五センチ〕と落ちないうちに、核反応のほとんどが終わる。爆弾の外部からは、はじめに鋼鉄の外装が奇妙にゆがむのが見え、内部で起きていることが暗示される。

連鎖反応はエネルギーの倍加が八〇「世代」をへて終わる。最後の数世代にいたるころには、割れたウランの原子核の破片がかなり増え、きわめて高速で飛びまわるので、周囲の金属が熱くなりはじめる。最後の何回かの倍加はすさまじい。たとえば、庭の池にハスの葉が浮かんでいて、一日ごとに倍の大きさになると仮定しよう。八〇日後には、葉が池を完全に覆うとする。池の半分がまだ覆われておらず、陽光にあたり、外気にふれているのは、いったい何日目だろうか。それは七九日目のことだ。

八〇世代がすぎた時点で、$E = mc^2$ の反応はすべて終わる。もはや質量は「消滅」せず、もはや新しいエネルギーは生まれない。原子核の運動エネルギーは単純に熱エネルギーに変わっていく。ちょうど、両手をこすると手のひらが温まるようなものだ。だが、ウランの破片は、止まっている金属に猛烈な速度でこすりつけられる。c^2 の掛け算の効果によって、その速度はすぐに光速に近づいていく。

ぶつかられ、こすられることで、爆弾の内部の金属は熱を帯びはじめる。体温と同じくらいの三七度から、水が沸騰する一〇〇度を超え、鉛が気体になる一七四四度にいたる。だが、倍々の連鎖反応が進むにつれ、さらにいっそうのウラン原子が分裂して、その温度はやがて太陽の表面と同じ五〇〇〇度に、つづいて太陽の中心と同じ数百万度に達するばかりか、さらにどんどんあがっていく。ほんの短いあいだ、空に浮かんだ爆弾の中心は、宇宙が誕生した初期の瞬間と同じような状態になる。

熱は爆弾の外部に出ていく。ウランを包む鋼鉄の反射材を突き抜け、数千ポンドもあった外装の残骸もやすやす通過する。だが、そこでいったん止まる。核爆発のような高温の状態は、放出してやる必要のあるエネルギーを含んでいる。そこで、きわめて大量のエックス線を周囲に向かって放出しはじめる。一部は上向きに、一部は横向きに、そして残りは地上の広大な範囲へと向かっていく。

爆発を途中で止めたまま、破片は自分自身を冷やそうとする。空中にとどまりながら、エネルギーの大部分を噴出する。一万分の一秒がすぎ、エックス線の放射が終わると、熱の玉はふたたび膨張しはじめる。

この時点で、ようやく大爆発が見えるようになった。ふつう光子には、放射されているエックス線のあいだをかいくぐってその外に出ていくことができない。だから、これまでは放射の外側で発生する輝きだけが見えていた。いまや、強烈な閃光がきらめき、まるで空が裂けたかのようだ。あらわれた物体は、銀河の彼方に存在する巨大な太陽の一つにも似ている。空に占める大きさは太陽の数百倍になる。この世のものとも思えないその物体は、あらんかぎりの火力で〇・五秒にわたって燃えたあと、弱まりはじめ、二、三秒後には消滅する。この「消滅」は、大部分が外部への熱エネルギーの放射によっておこなわれる。一瞬にして大火災が発生したようなもので、直下周辺の人間はみな皮膚のほとんどがはがれ、身体から垂れ下がった。広島にもたらされた一〇万を超える死は、このようにしてはじまった。

連鎖反応によって発生したエネルギーの少なくとも三分の一が、このときまでに使われた。残りのエネルギーもすぐ後ろから追ってくる。この異様な物体の熱によってふつうの空気が押され、太古に巨大な隕石か彗星が落ちたときをのぞけば、かつてない速さで動きはじめる。いかなる台風がもたらす暴風よりも、さらに数倍は速い。じつのところ、あまりにも速いので音がしない。爆風が強大な力で何か音を発生させても、それを追い抜いてしまうからだ。最初の爆風のあと、やや遅い第二波がくる。それが終わると、大気は押しのけられた隙間を埋めるために急いで後戻りする。その結果、気圧が一時的にほとんどゼロまで下がる。爆発地点からじゅうぶんに離れていて助かった生き物も、わずかのあいだ大気圏外の真空にさらされたようになり、自分自身が破裂してしまう（ボダニス『$E=mc^2$』一八七－一九一頁）。

本講義では、被害者の語りには踏み込まない。その情緒的な語りはなぜか次第に訴える力を失い、今や日本政府を核廃絶に向かって動かす力すら失われつつある。

それゆえ、われわれはこれまで日本ではあまり語られることがなかった側面からアプローチしよう。つまり語られもしなければ知られてもいなかった爆発のメカニズムを考察し、その威力の全貌に注意を払っておきたいのだ。

第一のポイントは広島上空で展開された倍々ゲームである。数百万分の一秒以内で八〇回以上展開されたゲーム、――それは中性子倍増率「k=2」にしたがって展開する過程として設計されていた。

最初の一回は、イニシエーターもしくは最初のウラン２３５の核分裂から中性子が複数個放出され、少なくとも二つのウラン２３５の原子核に飛び込んでいく。不意を突かれた二個の核はいずれも狼狽して安定性を失い、すぐに真っ二つに割れてしまう。それまでに掛かった時間は約一億分の一秒。

次の段階は、二つの核から放出された中性子がそれぞれ二つ（$2^2=4$）の核に侵入し、核分裂に導く（一億分の二秒）。次いで四つのウランの核分裂から八個の核分裂へ（$2^3=8$、所用時間は一億分の三秒）。

$2^2 = 4$
$2^3 = 8$
$2^4 = 16$
$2^5 = 32$
$2^6 = 64$
$2^7 = 128$
$2^8 = 256$
$2^9 = 512$
$2^{10} = 1\ 024$

ここまでに要した時間は一億分の一〇秒、すなわち一〇〇〇万分の一秒である。

$2^{10} = 1\,024 \fallingdotseq 10^{3} = 1\,000$：1キロ

だから

$2^{20} = 1\,048\,576 \fallingdotseq 10^{6} = 1\,000\,000$……1メガ（100万）

$2^{30} = 1\,073\,741\,824 \fallingdotseq 10^{9} = 1\,000\,000\,000$……1ギガ（10億）

$2^{40} = 1\,099\,511\,627\,776 \fallingdotseq 10^{12} = 1\,000\,000\,000\,000$……1テラ（1兆）

$2^{50} = 1\,125\,899\,906\,842\,624 \fallingdotseq 10^{15} = 1\,000\,000\,000\,000\,000$……1ペタ（1000兆）

$2^{60} \fallingdotseq 10^{18} = 1\,000\,000\,000\,000\,000\,000$……1エクサ（100京）

$2^{70} \fallingdotseq 10^{21} = 1\,000\,000\,000\,000\,000\,000\,000$……1ゼタ（10垓）

$2^{80} \fallingdotseq 10^{24} = 1\,000\,000\,000\,000\,000\,000\,000\,000$……1ヨタ（1秭）

これが八〇世代にわたって展開した倍々ゲームを、一キログラムのウランを例に見た場合の全貌である。

そして、上の数値が表わしているのは、中性子倍増率が2か、若干2を上回る設定で八〇世代を経ると、およそ10の24乗にのぼる数のウラン235が核分裂を遂げるということである。その膨大な数の核分裂に要した時間は、なんと一〇〇〇万分の八秒に過ぎず、分数の分子を一にすれ

ば、およそ一二五万分の一秒になる。

ボダニスの説明の、とりわけハスの葉が池の水面を占拠してゆく様子を例に出したところが絶妙なので、それをパラフレーズしてみよう。八〇世代（2^{80}）を経て池の全面をハスが占拠するとして、ちょうど池の半分を占拠するのはいつのことか？　一〇〇〇万分の八秒の一億分の一秒前のことである。つまり七九世代（2^{79}）のときになる。単に2を掛けるという単純な操作が途方もない規模になるのは、すでに大きな数に成長したときであり、そういうときに限られる。

爆発が開始したのは、自由落下する爆弾が上空六〇〇メートルに差し掛かったときだった。すべては上空六〇〇メートルからさらに数センチ落下するまでのあいだに起きた。つまりウラン235の核反応が八〇世代の分裂をもって完了し、まだ炸裂に至っていない――。一二五万分の一秒は事実上の制限時間であり、リミットであり、もはや一億分の一秒の猶予もない。つまり直後に爆発が起きるのだ。核分裂に到ったのは、全二〇キログラム中五パーセントのウランだが、爆薬のウラン、タンパーともに超高温に熱せられ、蒸発・気化して飛散した。ちなみにウランの沸点は摂氏四〇〇〇度強である。

爆薬の飛散は最初に起きることではない。最初に起こるのは電磁波の放出だった。エックス線やガンマ線などの高エネルギー波が熱放射という形で放出される。この熱放射は電磁波なのだから当然と言えば当然ながら光速で伝わり、素早く他の物体に吸収される。爆薬やタンパーはもちろん、電磁波が触れるあらゆる物質が膨張し爆発してゆく。大気も例外ではない。あらゆる大気分子が燃焼し、電離を余儀なくされる。

この電磁波を浴びた物体はすべて閃光とともに消滅したはずだ。可視光のためではない。見えない光が物体を照らし、激しく振動させるから、その光を照射されたものは、人であれ石であれ、みな一瞬で蒸発し消散した。

電磁波が物体に作用すると、巨大な波を引き受けた物体の周囲に超音速の波が発生する。それが衝撃波（shock wave）である。超音速で周囲に拡散してゆく衝撃波は、当然のことながら音速よりも速く伝わるから、無音のまま広島の建物、人間、大地に到達し、爆発の轟音は衝撃波の後ろを追いかけるようにして市街地に到達し、広がっていった。

この段階では爆風はまだ起きていない。超高温の爆風は、衝撃波が去ったあとの世界を襲う。爆風はそれが到達したところの何もかもを焼き払い、吹き飛ばしていった。爆風にとっては窒素や酸素、二酸化炭素など大気そのものが燃料と化すから、それらを消費するか、さもなければ一挙に押し退けてしまうから、辺り一帯が一瞬にして気圧ゼロになる。つまり瞬時に市街地が真空地帯になってしまったから、たまたま物陰にいて電磁波や爆風を逃れた人がいたとしても一挙に風船のように膨らみ、パンと破裂して一巻の終わりである。

この段階では、私たちの知る被曝者は一人もいない。核の悲惨を伝える語り部も一人としていない。みな一瞬にしてこの世界から消滅してしまったからである。我々の知っている悲惨な被曝者たちは爆心地からもう少し遠くにいて、瞬殺されない程度に弱くなった威力にさらされた人たちである。

焼失面積は一三二〇万m^2におよんだ。死者は一一万八六六一人（推定の仕方により九万から一六万六〇〇〇人の幅がある）。負傷者は八万二八〇七人にのぼる。この数をどう見積もるかは人によりけりかもしれないが、当時の広島市の人口が三五万人だったことを考えれば、被害規模の大きさはわかるだろう。

あえて本講義が被害者たちの語りや被害者たちの写真を使わないのは、もう明らかだろう。彼ら生き残った人たち、および結果的に亡くなってしまったけれども人の体裁を辛うじて残している姿は、爆心地で消滅した犠牲者たちよりも遙かに軽い被害者たちだったからである。何が起きたのか認識する暇もなく世界から一瞬にして消えてしまった人々は爆心地にいた。彼らはもの言わぬどころか、言葉を残すチャンスすらなく、何が起きたのか気づくことなく消え去ってしまった。一瞬で消滅した多くの生命こそが爆心地にいて、ただ普通に生きていたのである。彼ら、彼女たちは何の先触れもなく、何かを感じる時間すらなく、すうっと見えない光に包まれると忽然と世界からいなくなってしまった。

5　調査

マンハッタン計画の成果は、軍部の手に移り、戦果として「結果」を出しただけではない。科学実験としての意味合いが失われたわけでは全然なかったのだ。従来より、アメリカはソ連と並んで人間を対象にした科学実験を繰り返し、歴史に暗い影を落としてきたが、マンハッタン計画にも物理学部門だけではなく、医学生理学部門があった。そう、原子爆弾の日本への投下は、核兵器が人間の身体にどんな被害と影響を及ぼすのかを試す絶好の機会でもあったのだ。早速、敵国に飛び、被災地に降り立ったアメリカ人医師たちを待ち受けていた光景は、日本人という生き物のきわめて不思議な生態だった。

〔資料4〕サーバーは日本に二ヶ月ほど滞在していたのだが、現地で体験した破壊状況について次のように述べている。「そうした体験には、かなりの苦痛を伴わないわけにはいきませんでした。けれども、人々が自衛のために奮い起こした結束力の大きさには驚嘆させられました。人はごく短期間のうちにほとんどどのような状況にも適応することができる。それには本当に驚かされました。たとえどのような壊滅的な破壊と損傷にさらされたとしても、二日もあればそうした状況に慣れてしまい、自分のすべきことに取りかかることができる」。〔中略〕サーバーは、日本にいる間に身の危険を感じたことはなかった（同二六八頁）。

海外の都市が天災に見舞われたり、大規模デモが起きたりすると発生するお決まりの窃盗や暴行事件などの犯罪が日本では比較的まれである。大地震のあとでもコンビニのドアの前に列を作り、黙って何かに耐え、折り目正しく振る舞う光景は、誰にも見覚えがあるだろう。「日本人はマナーがよい」と言われるが、本当にマナーがよいのか否かはわからない。しかしながら、混乱に乗じて商店を襲撃し、商品を強奪するような振る舞いを「浅ましい」と感じることだけは疑いのないところだろう。災害や身内の不幸に心身が疲弊するあまり、積極的に悪事に手を染めることに体力を使う気が起こらないというか、そういう考えに耽るだけで気持ちが萎えたのかもしれない。たぶん、このときも事情は変わらなかったろう。市民の半分以上を一瞬にして殺害した国の人間がやって来て被曝者の調査をしようというのだから、本来なら刃物を構えてもおかしくないし、そこらの石塊を拾って投げつけても一向にかまわない。そう思われても当然だが、市井の人々にはそうする素振りすら見られず、あたかも日頃から見慣れた風景のように何もかもやり過ごしているかのようだ。

アメリカはその後、日本人のやや特異な性質だということに気づかず、人は（一般に）それほど復讐心に燃えないと勘違いしたのかもしれない、――だからその後、世界中で何度も蛮行を繰り返しては、手ひどい復讐劇に巻き込まれ、痛い目を見ていくことになる。

とはいえ、オッペンハイマーの伝記によれば、彼の高弟サーバーが日本で見た光景にしてもやや様子が異なる。

アメリカ政府は日本が降伏するやいなやすぐに医療関係者をはじめとして調査団を広島に派遣した。その頃には日本の旧帝大医学部の人たちが被災地に入っていたが、彼ら日本の研究者たちが収集していた資料も戦勝国への協力という形でごっそりアメリカへ持っていかれた。だから、日本の大学関係者の誰が調査に参加し、何を調べ、どのように協力したのかについても、資料はすべてアメリカにある。

ただし、一点だけ注意しておかなければならない。原爆投下直後だというのに、どうして調査団が早々に現地入りできたのだろう。どうして被災地に暮らしていた人たちがたった数日のうちに復興作業に入ることができたのだろう？

言い換えるなら、チェルノブイリやフクシマの原発事故の中心地区に暮らしていた人たちは、今でも故郷に帰還できない。同じ核分裂反応から放射性物質が環境中に放出されたはずなのに、被害のあと、チェルノブイリとフクシマの人たちをめぐる状況と、早期に人々が入り込み、復興にも着手できたヒロシマとナガサキをめぐる状況とのちがいを作り出したのは、いったい何であり、何に起因するのか？

答えは簡単である。原料の量のちがいである。広島に落とされたリトルボーイに搭載された核燃料（ウラン235）は二〇キログラムと言われ、長崎に落とされたファットマンの燃料（プルトニウム239）は八キログラムと言われている。

対して、福島第一原子力発電所の一号機にあった燃料は六九トン、二号機が九四トン、三号機も九四トンで、計二五七トンにのぼる。燃料と混合物の重さを合わせると八八〇トンにものぼる。

原発事故に比して核兵器の後遺症が少ないのは、核兵器の場合、原則として臨界質量を超えることがないからである。ガン式の場合、臨界質量未満の二つの塊に分けるから、二つを合わせると臨界質量を越えるかもしれないが、それでも二倍未満にとどまる。プルトニウムを用いる場合は、わざわざ爆縮という面倒な方法を編み出したくらいだから、臨界質量よりも少ない量でしか扱うことができなかった。それゆえ核兵器の場合、威力を増強するためには爆発効率を高める方向で事に当たるしかなく、材料の増量にはなんら意味がない。それゆえ爆発の被害以外の後遺症はほとんど考えなくてもよい（それゆえ核兵器の使用により辺り一帯が放射能に汚染されるという、ロシアの脅しには脅し以上の意味はない）。対して、原発事故の場合、原料が多くなる分、事故が起きると周辺地域の全体が汚染されてしまい、その後、大規模に人の住むことができない地域が発生しがちになってしまう。事故が長期化し、核分裂が収まりそうもなければ、汚染物質の排出も止められず、大地や住環境がいつまでも汚され続けているのを指をくわえてじっと眺めているほかにない。しかも半減期二〇年とか三〇年の物質が大量にばらまかれると、少なくとも半減期を数回は経なければ作物を収穫することもできないし、そこに生えてくる作物を食べることもできなくなるだろう。

チェルノブイリの発電所跡に未だ人が長く入り込めないのは、そういうわけだし、周辺地域が今や野生動物の楽園と化しているのは、ガイガーカウンターが未だ当時と同じ高い数値を弾き出してしまうからなのである。

6　長崎への投下について

広島に原子爆弾が投下されたのは八月六日だった。たぶん日本政府は何が起きたのかわからなかった。やっと把握したところで、いったい何ができただろう。専門家を派遣して調査し、報告を聞いて閣議を開いたところで一日や二日で何ができただろう。おそらく今の政治家と甲乙付けがたい鈍感な連中だっただろうから、相応に判断は鈍かったにちがいなく、三日程度では何もできなかったにちがいない。つまり長崎に投下するまでの三日間は、アメリカ政府や軍が日本政府に与えた猶予期間などではなかった。三日後の投下には「間髪入れず」という修飾が似合う。もっと言えば、一刻の猶予も与えまいとする時間こそ三日間だった。

〔資料5〕長崎は、必要だったのだろうか？　トルーマン政権は、日本に核攻撃を加えるという断固たる意志を固めていたばかりか、それを相前後した二発の原子爆弾の投下によって実現する計画を決定していたものと思われる。リトルボーイの広島への投下から長崎上空におけるファットマンの炸裂まで、日本にはわずか三日の猶予しか与えられなかったのだが、それはいったいなぜだったのだろうか？　日本は何年も続いていた戦争において三日のうちに決断をしなければならないと通告されていたわけではなかった。広島によって日本が降伏を決断するか否かは、それを確言できる人が誰一人としていなかったとはいえ、間髪を入れず第二の爆弾の投下が断行されたのだ。

〔中略〕長崎は、必要だったのだろうか？　日本人は、歴史上類を見ない途方もないほどの大惨事に見舞われたばかりだった。二度目の爆撃は必要だったのだろうか？　作家のなかには、「一回の衝撃でじゅうぶんだったと考える根拠はない。日本軍は、爆弾は一発しかないとか、いずれにせよさほど恐れるに足りないと強弁することができたし、事実そういった態度をとったではないか」と論じている人たちもいる。改めて指摘するまでもなく、これはまるで辻褄の合わない主張である。日本人は、爆弾が広島を焦土と化した事実を理解していたし、二、三週間もしないうちに、その被害の実態の巨大さを完全に把握したことだろう。だが、日本は、破壊の甚大さを確認する時間的猶予すら与えられなかった。ほとんど時を置かず、ふたたび爆弾を投下されたのだ、合衆国がわずか三日の猶予しか与えず第二の原子爆弾を日本に投下したという事実は、永遠にアメリカを悩ませ続けることだろう（アクゼル二六九－七〇頁）。

問いは単純だ。「長崎は、必要だったのだろうか？」広島への投下から三日後、爆撃機はエノラ・ゲイと同様、北マリアナ諸島のティニアン島（サイパンにほど近いところにある島嶼）を飛び立ち、九州の福岡県小倉市（現在は北九州市小倉北区と小倉南区）に向かった。当日、小倉の空には雲の切れ目がなく、仕方なく別の場所を目指すことになった。たまたま長崎の空に晴れ間があったから長崎になったが、新潟になっていたとしても何ら不思議はなかった。強い反対に遭っていち早く候補地から外された京都を除けば、いくつかピックアップされていた候補地のどこでもよかった。つまり長崎である必要などなかった。にもかかわらず、寸暇を惜しむように急ぎ足で二発目は投下された。それゆえ、少々しつこいようだが、もう一度繰り返しておこう、「二度目の爆撃は本当に必要だったのだろうか?」延いては一度目すら本当に必要だったのか?

当時の日本の動向と利害関心をアメリカは手に取るように知っていた。日本政府は降伏寸前の状態であがいていた。その有り様をアクゼルは「全面的侵攻によらなければ屈服しない国の姿ではない」と述べていた。息絶える間際にある重体の患者と言ってもよい。

もう一度、同じ問いかけと答えを繰り返しておこう。

問いは、「ならば、どうして?」である。

答えはこうだ、「巨大な人的・物的資源の投入に見合う成果がほしかった」。つまりは開発に困難を極めた爆縮型原爆の威力も試しておかなければ、真の成果を得たとは言えなかったのである。実際、日本が「無条件降伏」を受け入れ、その旨を宣言したとき、グローヴスは三機目の爆撃機に新たな爆弾を搭載し、着々と離陸の準備をしていたという。彼は2発を投下しながら、なお経費に見合う結果を誇示したかった。二発でもよかったが、三発ならなお強力なメッセージになると信じて疑わなかった。誰に対して? スターリンのソ連である。

日本に降り立った調査隊の中にオッペンハイマーの弟子、ロバート・サーバーがいたことは先に見た資料からもわかる。彼が見たものは必死に日常の秩序にしがみつくけなげな日本人の肖像だけではなかった。

〔資料6〕エノラゲイが死を招く荷物を落下させてから三一日後、モリソンはヒロシマに降り立った。「潜在的に一マイル四方の路上にいたものは誰しも爆弾の熱によって瞬時に、かつ徹底的に焼き尽くされた」。続いてモリソンは次にように言う、「熱い煌めきが突然、奇怪に炸裂した。彼ら（日本人）が我々に語ったのは、縞模様の服を着ていた人たちは、着衣の下の肌まで縞模様に焼けていたという。自分は運がよかったと思っている人たちもたくさんいて、彼らは荒れ果てた家の中からほんの少し負傷した状態で這い出してきた。しかし彼らはどのみち亡くなる。爆発の瞬間に大量に放出されたラジウム線の放射能を浴びて数日後ないし数週間後には息絶えた。

サーバーはナガサキで気づいたことを記し、全ての電柱について、爆発の起きた方を向いていた側の面が黒焦げになっていたという。彼は爆心地から二マイル（三・二キロメートル）を越えて、黒焦げになった電柱の列を辿った。「ある地点で」と彼は再び説明する、「馬が草を食んでいるのが見えた。側面の毛がすべて燃えてなくなっていましたが、反対側は完全に正常だった」。馬が、にもかかわらず「幸せそうに草を食んでいた」ように見えたとサーバーがやや軽薄に言及したとき、オッペンハイマーは「原爆が善意の兵器だとの印象を与えかねないとして、私に小言を言った」という（Bird & Sherwin, p.321）。

サーバーの報告にオッペンハイマーが感じた軽率さは、いったい何に起因するのだろうか。それを知るには「原子爆弾とは何か?」という問いを経由する必要がありそうだ。マンハッタン計画の成果に関するオッペンハイマーの感情は両価的であり、もっと言えば引き裂かれている。

〔資料7〕オッペンハイマーは、ある根本的な意味において、ラビが手にするのを恐れていたもの、すなわちマンハッタン計画が「三世紀にわたる物理学の発展の頂点」に大量破壊兵器を据えることこそ、厳密に言ってマンハッタン計画が獲得したのだということを了解していた。そして、そう解することで、計画は物理学を不毛にすると考えていた、それも形而上学的な意味においてではなく、そう思っていたのである。それゆえ間もなく彼はマンハッタン計画を一つの科学的達成ゆえに軽蔑するようになった(*Ibid.*, p.322)。

ガリレオやニュートンの時代から始まり、アインシュタインやキュリー夫妻、ラザフォード、マイトナーを経て、フェルミとオッペンハイマーのチームにより、あらゆる物理学の知識の結晶として原子爆弾は産み落とされた。もしもそれがボーアの言うようにデモンストレーションとしてだけ用いられ、日本に投下されずに戦後の世界を開示し、冷戦すら封印したとすれば、同じ爆弾が平和の象徴として曇り一つない「誇り」になり、開発者たちはただ敬意だけを集めることになっていただろう。まさに物理学的な（physical）兵器にのみ担うことの可能な、形而上学的な（meta-physical）意味を帯びた彫像として。

しかし「物理学の発展の頂点」に座する、本来は象徴にすぎないものであったはずの「力」は実用的な兵器として使われてしまった。人命と一緒に形而上学的な意味も吹っ飛び、以降はそれを製造するのに要する費用を計算し、予算を計上するための駆け引きが始まってゆく。象徴の座から落下した脅しの道具として――。

〔資料8〕彼〔オッペンハイマー〕は私的な会合で話していたことを公的な場面で語り始めた、「私たちは或る代物、もっとも恐ろしい兵器を作り出しました」と全米哲学会の聴衆に語った。「それは世界の本性を突然、かつ深く変えてしまいました……我々がその内で育ってきた世界のすべての基準にしたがえば、それは悪しき代物です。また、そんな物を作ったお陰で……科学が人類にとって善なのか否かという問いを再び提起したのです……」。原子爆弾の「父」はそれを定義により恐怖と攻撃のための兵器だと説明した。しかも安価なのだ。〔恐怖、攻撃、安価という〕組み合わせが、やがて全文明に対して致命的だったと証明されるかもしれない。「今日わかっていることだけでも核兵器は」と彼は言った、「もっと安価になりうるし、……核武装は、だからと言って核を欲する人みなに景気の後退をもたらすわけではありません。核兵器の使用法はヒロシマで緒に着いたばかりです」。彼が言うには、ヒロシマの爆弾は「本質的に言って、すでに打ち負かされている敵に対して」使用された。「……それは攻撃用兵器であり、核兵器にとって驚愕なり恐怖といった要素は、分裂性の原子核に劣らず本質的な要素なんです」(*Ibid.*, pp.323-4)。

第6講 冷戦下の核実験——水素爆弾

1 原子爆弾投下の理由と帰結

これまで原子爆弾の使用に関して、アメリカ政府や軍関係者、そして一般のアメリカ人までも含め、実に多くの理由を論《あげつら》ってきた。まずはそれらの理由をいくつか列挙することからはじめよう。

理由1.（終戦を早めることで）米兵（または日米双方）の犠牲者を未然に救済した。
理由2. 戦後の状況を睨んで、ソ連を牽制する「必要」があった（たかが牽制のために一〇万を超える死者を出す「必要」はあったのか）。
理由3. 投入された予算に見合う結果を出さなければならなかった（しかし、ボーア＝オッペンハイマーが考えていたように、単に成果を示すだけなら、トリニティ実験やそれに類するイベントを開催して披露すれば十分だったのではないか)。
理由4. 日本が予想以上に粘り強かった(米軍の中枢は、無線の傍受により、日本が苦境に立たされ、降伏寸前の状態だったことは筒抜けだったはず)。
理由5. もしも核兵器を市街地で使用すれば実質的に生体実験となるのは必至であり、ゆえに投下に実験を兼ねた目的があったことは隠し立てしようもなかった。

以上の言い分には本音もあれば建て前もある。理由1は今なお頻繁に使われる常套句だが、建て前であり、それ以上ではない。他は本音っぽいが、なおも建て前の空気が残る4を除けば、表立って言うのは躊躇《ためら》われるものばかりだ。政治的には「ソ連への牽制」が主たる動機のはずだが、結果が過大かつ甚大に過ぎる。しかもその企図は忽ち裏目に出てしまう。というのも核兵器の使用は戦後、アメリカ主導の平和を導くどころか、冷戦という終わりの見えない緊張状態を呼び込んでしまうからだ、――対立は構造化され、両陣営は軍拡競争に奔走する(彼らの意図が招いた想定外の結果は、軍拡競争の蚊帳の外に置かれた敗戦国、西ドイツと日本が軍事をそっちのけにしたたせいで経済大国になったことだろう)。

〔資料1〕合衆国が原子爆弾を使用することによってソ連の侵略を防ぐことができると考えてい

たとすれば、それは途方もないほどの思い違いだった。現時点から判断すれば、冷戦を引き起こしたのは、ヒロシマとナガサキにほかならなかった、合衆国が原子爆弾をまったく使用しなかったと仮定すれば、大戦後の世界が一挙に冷戦に突入するような事態は防ぐことができた、あるいは、冷戦そのものが存在していなかったといった議論も成り立ちうるからである。ソヴィエト政府がアメリカの兵器開発に対抗する必要性を強く感じ、独自の原子爆弾製造計画に着手したという歴史的な事実は、それを雄弁に物語っているといえるだろう（アクゼル二八七―八頁）。

あくまで結果論でしかないが、原爆の使用が裏目に出るとなぜ予想できなかったのか、――今にしてみれば逆に理解しかねる結果になってしまった。グローヴスとトルーマンが夢見た理想の帰結（ないし夢）は、アメリカによる核の独占とそれによるヘゲモニー（覇権）にほかならなかった。すなわちアメリカだけが核を有し、他の国々はその脅威ゆえに超大国の前に跪き、屈服するという構図である。アメリカの思惑に恭しくかしづき、尻尾を振り、靴を舐めるような挙動に甘んじたのは原爆を落とされた敗戦国くらいしかなかった……。

もちろんアメリカの軍と政府が目にした現実は、他国がアメリカの「力」を前に途方に暮れ、平伏す姿ではなかった。一国による核の独占は束の間の優位性にすぎなかった。現実は「追いつき追い越せ」とばかりに血眼になりながら核開発に突進するソ連をはじめとする他国の姿だった。事実、イギリスにはマンハッタン計画に従事した科学者が少なからずいたし、ソ連はオッペンハイマーの近くにスパイを紛れ込ませていた。それゆえアメリカが戦後、すぐに直面した問題は次のような問いに縮約される。すなわち、核拡散を封じ込めるにはどうすればよいのか？

冷戦とは、対立する二つの陣営のあいだの膠着状態である。現実の軍拡競争はその膠着状態を維持し、互いに相手を仮想的な脅威として意識しながら、なんとか衝突を回避し、脅威だけが肥大してゆくさまである。敵の脅威を妄想的に過大評価したのは、睨み合う双方の軍にとっても好都合だった。そのほうが多額の予算を分捕ることができるからだ。軍事衝突がなければ、勝ち敗けはつかず、互いの面目も立つ。それゆえ、睨み合う競争者のどちらかがゲームを降りるまで、緊張は延々とエスカレーションを続けてゆく。その実態を具体的に見てみよう。

2　冷戦下の核実験

アメリカ以外の国で、最初に核兵器を開発し、実験を行なったのはソ連である。一九四九年八月二十九日、ソ連初の核実験が実施された。

〔資料2〕ソ連は、ほどなくして原子爆弾の開発に成功し、二つの超大国は原子爆弾の改良と実験を繰り返す継続的な軍拡に着手したのだが、それは莫大な経費を必要としたばかりか、世界規模で人々の健康に深刻な影響を及ぼさないわけにはいかなかった。アメリカの核実験は、太平洋のビキニ環礁を破壊しその放射性降下物（死の灰）がオレゴン州やワシントン州に降り注いだからである。その後、実験場はネヴァダ州の砂漠に移されたのだが、そうした措置によって大陸のほとんどすべての地域が放射性降下物にさらされる危険を回避できなくなった。ソ連は、北極海のノヴァやゼムリャ島で核実験をおこない、フランス、英国、中国がそれに追従した。英国は、オーストラリアで核実験をおこない、フランスが一九七〇年代におこなった核実験は、ポリネシアの一部に残されていた原始そのままの環境を完全に破壊したのだが、中国が中央アジアの砂漠地帯のロプノールでおこなった核実験も、同じような被害をその地に引き起こさないわけにはいかなかった。こうした分別を欠いた実験によって地球環境に吐き出された放射能の総量は途方もないほど大きく、その人体への深刻な影響は、今後何世紀にもわたって私たちを悩ませ続けることだろう（アクゼル二九〇頁）。

核実験により、地球はすっかり汚染されてしまった。放射性炭素が急増したせいで、炭素14を使った年代測定が一九四五年以降の死体に対しては、人であれ動物であれ適用不可能になった。つまり、第二次大戦の前後で生物の身体を形作る物質の組成が変わってしまったのだ。どんな実験が行なわれたのか代表的なものだけ列挙していこう。まずはアメリカである。一九四六年の「クロスロード作戦」は戦後初の核実験であり、一九五二年の「アイビー作戦」は初の水爆実験となった。

水爆、すなわち水素爆弾は、原子爆弾を起爆装置に用いて、水素を核融合させ、そこから核分裂とは比較にならないほど大きな力を引き出す爆弾である。作戦の中枢にいたのは、マンハッタン計画にも加わっていたハンガリー出身のマッド・サイエンティスト、エドワード・テラーだった。彼はオッペンハイマーを軍の中枢から追い出すと作戦の中枢に入り込み、水素爆弾の製造に邁進した。

もちろん、競合国だって指をくわえて眺めているわけにはいかない。ソ連は一九五三年に強化原爆の実験に成功すると、五五年に早くも初の水爆実験を実施する。六一年の通称「ツァーリ・ボンバ」は史上最大の核実験であり、TNT換算で五〇メガトン＝五〇〇〇万トンにのぼる。

ヒロシマ型がTNT換算で一万五〇〇〇トン、ナガサキ型およびトリニティ実験がおよそ二万トンだったから、ツァーリ・ボンバの威力は前者の三三三三倍、後者の二五〇〇倍になることがわかる。ただし爆薬の量を増やしたわけではない。プルトニウムには臨界質量の制約があるから、ファットマンから大きく越えることはない。それゆえTNT換算五〇〇〇万トンの威力は、別の方法で達成されなければならなかった。すなわち、爆縮型原爆の爆発を起爆装置にして、水素の核融合から効率的に「力」を引き出した結果である。

もちろん他の先進国だってぼんやり眺めているわけにはいかないから、次々に超大国二国に追随してゆく。

一九五二年、イギリスが「ハリケーン作戦」と銘打った核実験をオーストラリアで実施する。

一九六〇年にはフランスが「ジェルボアーズ・ブルー作戦」をアルジェリアで実施。一九六四年には中国も初の核実験を実施した。以上が核不拡散条約（NPT）加盟国による実験である。

そして、以下はNPT非加盟国による核実験となる。

一九七四年、インドがパキスタンとの国境近くで実験を行なう。一九九八年にはパキスタンが二度の実験を実施した。このとき、パキスタン製の核兵器はウランを原料に用いた原爆だったが、パキスタンが代わりに実験を実施したと思しき爆弾の原料はプルトニウムだった。北朝鮮製の兵器とうわさされたが、真相は未だ闇の中である。

さらには、核保有に関して一貫して沈黙を守っているが、保有をうわさされている国としてイスラエル、南アフリカ、イラン、サウジアラビア、アラブ首長国連邦、ビルマ（ミャンマー）等々が挙げられる——。

NPT非加盟国は、保有の事実を明かさない以上、実験の回数も厳密にはわからない。他方、加盟国でありかつ保有国でもある国々についてはかなりの事実が判明している。核実験の回数は二〇世紀末の時点で、アメリカが一一二七回、ソ連が七一五回、イギリスが四五回、フランスが二一〇回、中国が四五回、そして非加盟国のインドが二回、パキスタンも二回、そして北朝鮮が六回である。少なく見積もっても計二三七九回は行なわれた。それだけでもひどい話だが、核実験が大地を汚し、我々の身体の組成を変え、地球を汚染したと非難されるにしたがい、各国は地上の実験から手を引き、順次、地下実験へと切り替えていった。それにともない、実験の事実そのものが見えにくくなっていったことも否めない。

3　強化原爆と水爆

さて、前節で簡単に説明した爆弾のメカニズムのやや詳細な説明に移ろう。基本設計はすでに見たプルトニウムを原料に用いた爆縮型原爆である。威力は従来の核兵器に核融合の要素をどれだけ詰め込めるかによる。

まずは強化原爆であるが、こちらは不完全な水素爆弾というより原爆の爆発効率を向上させるために核融合を補助的に利用したものである。水素爆弾の準備段階と言ってもよい。

(1) 強化原爆

まず爆薬のプルトニウムの中心部にイニシエーター（ベリリウムとポロニウム）をセットする。あらかじめプルトニウムは中空に成形し、そこに重水素と三重水素を仕込んでおく。超の付く高温高圧状態から、重水素（デューテリウム）と三重水素（トリチウム）との結合、すなわちD－T融合反応をさせようと目論んだわけである。一モルのデューテリウムと一モルのトリチウムが完全に融合し、一モルのヘリウム4ができれば、同時に一モルの中性子が自動的かつ必然的に産み落とされる。すると中性子の放出量がプルトニウム239のみの場合の値である（K＝）

二・九から四・六へと増強される。中性子の放出量が飛躍的に増加することで爆縮型原爆の爆発効率もまた二〇パーセントから三〇パーセント以上へと上昇する。ちなみに爆発効率二〇パーセントはファットマンとほぼ同じであり、強化型原爆は同じ量の爆薬で少なくとも一・五倍からそれ以上の爆発効率を実現することになる。

さらに応用型として、重水素化リチウムと三重水素化リチウムの固体を用いた二段階方式の強化原爆も存在していた。

(2) 水素爆弾

水素爆弾の仕組みがわからないからか、トヨタやホンダが開発した燃料電池車(水素を燃料に用いたエコカー)や、福島の原発事故で原子炉建屋を破壊した「水素爆発」、そして水素爆弾の三つを混同し、それらが同じ「危険(リスク)」を抱えていると妄想的に信じている人たちが少なくない。水素を大気中の酸素と反応させて水を生成する過程で電気を作り、充電する仕組みが燃料電池であり、最低限それを水素爆弾と区別するため、まずは資料を読むところからはじめよう。すでに実験を列挙したときに言及した内容を含むが、箇条書きよりも文章で読んだほうが具体的にイメージできるので無駄ではないだろう。ちなみに資料内で言われる「恒星」とは、とりあえず太陽のことだと思っていただければ間違いはない。

〔資料3〕一九五〇年代に入ると、フェルミとともにマンハッタン計画に加わっていた核物理学者エドワード・テラーは、合衆国に移住していたポーランド生まれの数学者スタニスラフ・ウラム（一九〇九－一九八四年）と共同して水素爆弾を考案・設計した。その威力は、核融合反応つまり二つの原子核が解け合って一つの原子核を形成するプロセスによって生み出されるものであり、これは恒星の内部で起こっている現象を人為的に惹き起こそうとしたものである。このプロセスを起動させようとすれば莫大なエネルギーを必要とするのだが、恒星の核融合反応においてそれを賄っているのは、その内部の熱エネルギー、つまり超高温である。ひとたびこのプロセスが起動すると、核分裂爆弾とは比較を絶した途方もないほど巨大なエネルギーが放出される。ウランは、このプロセスにおいてもきわめて重要な役割を果たしている。水素爆弾は、その内部で水素の原子核が融合してヘリウムの原子核を形成するよう設計されているのだが、そうした核融合反応を惹き起こそうとすれば、まずウランかプルトニウムを用いた核分裂爆弾を爆発させなければならないからである。テラー・ウラムの設計は、核融合反応を引き起こすことができるだけの熱エネルギーを核分裂によって生み出すという技術的な問題を解消したのだ。

一九五二年、合衆国は太平洋のエニウェトク環礁で第一回目の水素爆弾の実験をおこなった。その三年後にはソヴィエト連邦が水素爆弾の実験を実施し、軍拡競争はさらに熾烈の度を加えた。この二種類の核爆弾を比較してみれば、核分裂爆弾はTNT炸薬換算数万トンの破壊力をもっているのだが（ちなみに、広島に投下された爆弾は、一万五〇〇〇トン～二万トンだった）、そのエネルギーを核融合から引き出している水素爆弾は、一般的にメガトン（TNT炸薬換算「一〇〇万トン」に相当する）単位で計算される。冷戦中に製造されたもっとも恐るべき威力を持った爆弾は、一九六一年にソ連が実験に用いたものであって、その破壊力は、なんとTNT炸薬換算五〇メガトンにも達していた。TNT炸薬換算一五～二〇キロトンの爆弾は広島をまさに焦土と化してしまったのだが、その二五〇〇倍の威力をもった爆弾の破壊力がいかなるものであるかを、具体的に思い描くことができる人がはたしているだろうか（同二九〇－二頁）。

プルトニウムの中空部分の容積を大きくして、より多くの重水素ないし重水素化合物を仕込む。爆縮により全体が中心に向かって超高温・超高圧状態になってゆくと、熱せられ、圧縮された狭い空間で重水素と三重水素の核融合、または重水素化リチウムの三重水素化リチウムとの核融合反応が誘発される。さらにプルトニウムを包んでいたタンパーのウラン238の核分裂まで誘発される。未臨界のプルトニウムの核分裂に始まって、そこから水素もしくは水素化リチウムの核融合が引き起こされ、巨大なエネルギーが解放されるわけだ。その威力は爆発効率によって異なるが、だいたい爆縮原爆の約一〇倍から数千倍にもなる。

材料に用いる爆薬の性質上、ウラン235であれプルトニウム239であれ、臨界質量を越える爆薬の搭載は原理的にできない。ということは、ウランの場合はヒロシマ型、プルトニウムの場合はナガサキ型を越える量の爆薬を搭載することは、不可能ではないにしても危険が増すばかりで意味はない。言い換えるなら、はじめから搭載できる爆薬の量には上限があり、その制約が不変なのだから、残る課題は爆発効率をいかに高めるかに懸かっている。

そこで核兵器の進化は、原子爆弾に始まり、爆縮型の洗練タイプとして強化原爆に進み、さらに核融合反応をメインに水素爆弾が生まれ、最終的に中性子爆弾へと威力を増していくことになった。ただし、中性子爆弾は単に威力が大きいのではなく、設計思想が他の核兵器とは異なると言うべきだろう、――爆発の威力よりも殺傷力にウェイトを置いた兵器が中性子爆弾である。他の核兵器に比して環境に優しく、人に厳しい爆弾と言うこともできる。なぜなら、たとえ物陰に隠れても、建物を破壊せずにその向こうにいる人だけを効率的に殺傷できると言えば、むしろ凶悪さが増しているのがわかるだろう。

4　核実験と被曝の実態

核実験について回るのは、爆弾の威力をめぐる焦燥感にも似た開発計画にとどまらない。必ず毒性をめぐる人体実験が張り付いてくる。水爆実験もヒロシマやナガサキと同様、それが人体にいかなる影響を与えるかを調べる実験の意味合いを帯びていた。一九九〇年代に次々に明るみに出た事実を当時の新聞記事から読んでみよう。

〔資料4〕軍人も被害に　米「放射能人体実験」ビキニ環礁などで実施／【ワシントン十五日】

冷戦時代、米政府主導で行われた「放射能人体実験」問題で、十五日までに公表された資料や議会報告書から、市民のほかに多数の軍関係者や復員兵が〝実験台〟になっていた構図が浮かび上がった。国防総省や復員軍人省は当時の内部資料の調査を進めている。

その一つが、水爆のキノコ雲が人体に与える影響を調べる実験。下院エネルギー保全小委員会が一九八六年十月に作成していた報告書によると、人体実験は西太平洋のビキニ、エニウェトク両環礁で五六年五月から七月にかけて行われた一連の水爆実験（レッドウィング作戦）の際に実施された。米空軍の五機のB57が、水爆爆発後二〇分から七八分の間に二七回にわたってキノコ雲の中を横断飛行、乗員の被曝の状態が測定された。この実験で乗員七人が許容被曝線量（年間五レントゲン）を超えたとして復員軍人局（復員軍人省の前身）の病院で特別検査を受けたとされる（『毎日新聞』一九九四年一月十六日）。

資料中ではレントゲンという古い単位が使われているが、「R」で表わすのが慣例で、一般に用いられるグレイに換算すると、だいたい

1R = 8.7 mGy

となる。先に言及したとおり、レントゲンという単位は今ではほとんど使われていない。電磁放射線の場合は、そのままシーベルトに換算できるから、五レントゲンを超えたという表現を線量当量で表わすとおよそ四四ミリシーベルトとなる。中性子線が大量に飛び交っていたとしたら、その五倍から二〇倍と考えればよい（最大〇・八七シーベルト）。

実験に立ち会っていた人々は、爆弾の開発者、兵士、そして一般市民である。それらすべてが検査の対象になっていたのだから、健康被害に無頓着だったわけではない。ただ人の健康を蔑ろにしていただけである。その意味で、立ち会った人たち全員が生体実験の対象とされていた。明らかに有害だと知りながら、人の命や健康を軽んじていたのだから、その種の好奇心が次第に暴走していくのは容易に見てとれる。ナチスや731部隊、果てはポグロムに参加した一般人にも見られるように、人は暴力の刺激に慣れ、飽和してくると新たな刺激を求めて暴走したくなってしまうのだ。暴走したくなる気持ちを抑えられなくなると言ったほうが適切かもしれないが……。

さて、核の被害を網羅的かつ微視的に明らかにしてくれる良書が刊行されたので、その本から出来るだけ多くの知見を資料として引いておこう。一九五四年三月一日、いわゆる「キャッスル・ブラボー実験」が実施された。戦後の核実験、とりわけ核融合を利用した核兵器の実験について「ロバート・オッペンハイマーを含む何人かはプロジェクトに反対し、水素爆弾の恐るべき破壊力を政治家たちには制御することなど不可能だと証明されるものと信じていた。アル・グレーヴスはプロジェクトの妥当性を微塵も疑わなかったし、自分のしていることの道義性についても同断だった。新兵器の実験という首折り競争においてマーシャル諸島は新境地を開いたのであり、その場所こそ海軍が目標に定めた衝撃を評価すべく一九四六年の夏、合衆国が最初に原爆実験を実施したところだ」（Serhii Plokhy, *Atom and Ashes : A Global History of Nuclear Disasters*, W.W. Norton & Company, 2022. p.10）。おそらく今回の実験もそれまでと同様、完全にコントロールされた実験になるはずだった。

〔資料5〕約三〇マイル（四八・三キロメートル）離れたところから爆発を見ていた物理学者、マーシャル・N・ローゼンプラスは「病んだ脳がどんなものか想像で思い描いたことが我が身に起きたみたいでした」とその時のことを述べている。衝撃波を受け、五〇マイル（八〇キロメートル）の地点にいた船が左右に揺さぶられた。USSカーティスという華奢な飛行艇に波が押しよせた時、ある海兵が同僚に「もう助からないと思った」と言った。クエゼリン島の上、ビキニ諸島の南東約二四九マイル（四〇〇キロメートル）にアメリカ海軍のベースのある場所だが、兵士は「空に明るいオレンジ色の照明が灯された」のを見た。それから轟音の波が届き、続いて衝撃波が訪れた。「雷鳴のように聴こえるとても大きなゴロゴロ言う音が響いた」と兵士の一人が記している。それからバラック全体がまるで地震が起きたように揺れ始めた。次にとんでもなく強い風が吹きつけてきた（*Ibid.*, p.19）。

あくまで実験である、――それも生体実験の意味合いを含んだ。つまり兵士は爆心地から遠く、安全地帯に避難していたわけではなかったし、また島民に対しても事前に避難を呼びかけ、適切に誘導するなどの措置を採っていたわけではなかった。言い換えるなら、兵士も島民も危険な現場にほったらかしに捨て置かれた状態だった。もしかしたら必要な措置を採ることすら想定していなかったのかもしれない。

〔資料6〕ジョン・クラークの記憶では午後三時ごろにアル・グレーヴスとの連絡が回復した。三機のヘリコプターが指揮艦を発ち、ビキニ環礁に向かった。救出班は点火班を救出しに行く途中だった。クラークと彼の隊が掩蔽壕から現われた時、ガイガーカウンターが示した放射能レベルは一時間当たり二〇レントゲンに達していた。工兵たちは寝具用シーツにくるまってジープに乗り込み、ヘリパッドに着陸するヘリを目指して約二分の一マイル(〇・八キロメートル)を走った。「建物を後にしたときホバリングしていたヘリのパイロットはオレたちがヘリマットに到着するのを待って降下した」とクラークは追想する。ヘリコプターに乗り込むと彼らは寝具用シーツを拭い去った。艦に降りるとすぐにシャワーを浴びた。「明くる日、オレたちがいたところの家具類が実際どうなっていたかが判明した」とクラークは記憶を辿る。「オレたちのいたブロックの家の外側に溜まった放射性降下物の線量は数百レントゲンにもなると計測されていたんだ」。

水素のエビは、その進路にある何もかもを食い尽くす巨大な熱核ロブスターになっていた。キャッスル・ブラボー作戦で生じたのは、計画段階の6メガトンを二倍も凌駕し、15メガトンの爆発力に達していた。三月二日、艦がビキニ環礁の礁湖に入ったとき、建物と計測所はみな潰滅していた。滑走路は無傷だったが、こっぴどく汚染されていたため、クラークソン将軍の報告によれば、三月十日までは清掃もできず、作戦の遂行もかなわず、その後も「限られた任務」に対してのみ再開されたにすぎない（*Ibid.*, p.20）。

エビの比喩を用いた真意はやや不明だが、まあよい。問題は現場にほど近い地帯に捨て置かれたに等しい兵士が多数いたことである。しかし、それすらまだよい――彼らは今、何が起きているのかを知りながらそこにいたからだ。マーシャル諸島の人々はそうではなかった、――彼らはこれから起きることをほとんど知らなかったし、起きた後も何が起きたのかわからないまま、これまで通りの生活を営んでいたし、そうするほかになかったからである。

〔資料7〕「爆弾」の朝、私は起床し、コーヒーを飲んでいました」とロンゲラップの行政長官、ジョン・アンジェインは回想した。「夜明けみたいな何かを見たと思っていたんだが、方角が西だったんだ。赤、緑、黄色という具合にたくさんの色が輝いていて本当にきれいだったたし、また驚いてもいた。少し経ってから太陽が東から昇った」。それから煙が上がり、強風が吹き、最後に轟音だ。「数時間後に粉末がロンゲラップに舞い降り始めた」とアンジェインは回想した。

核降下物は蒸発しながら放射能をたっぷり浴びたサンゴから成っていて、午前十時を過ぎた頃にそれが降り始めた。地元の学校では教師のビリエット・エドモンドが十一時半頃、休校にして生徒たちを下校させた。外に出たら、微粒子のような粉末が島にも降り始め、そのときは「歓迎されている」かのように思ったのを覚えている。村にパニックは起きなかった。日本を訪ねたことのある元皇軍兵士たちは塵を雪に喩えた。「おしゃべりしながらコーヒーを飲んでいたら、雪のようなものが継続的に降り注いで、しかも量が増えているようだった」とエドモンドは述べる。「雪」は間もなく緑の木の葉を真っ白に覆った。その日も遅くなると、それまで楽しかったことが苦しみに変わった。「最初は無垢で非暴力的だった塵が突如、島民にひどい影響を及ぼし、最も苦しい出来事となったんだ」とエドモンドは思い出す。「尋常じゃない強い刺激の痒みが島民を襲い、最も苦しい状況に追い込んだ。成人した大人たちは年齢を重ねていたから泣き叫んだりはしなかったが、子供たちは猛烈な勢いで泣きじゃくっていたし、肌をかきむしっていたよ。空を蹴り、身を捩り、転げ回っていたが、私たちにできることはそれ以外になかった」。

十四歳の中学生、レミオ・アボはその夜、身を捩って転げ回っていた一人だ。彼女の覚えている範囲では、奇怪な粉末が空から降ってきたにもかかわらず、村の暮らしは普段通りに続いたという。午後になって、従兄弟たちと一緒に芽吹いたココナッツの苗を収穫しに行った。帰路で雨に降られた。木々の葉が突然、謎めいた物質に覆われると、葉は黄色く変色してしまった。「あんたの髪に何があったの?」とレミオの両親は帰宅した娘たちに尋ねた。彼女に言えることなどあるはずもない。

ロンゲラップでは外部からの情報がなく、したがって人々の身に何が起きているのか全く理解できないままブラボー実験の日が過ぎていった。マーシャル諸島の人々が目撃した尋常ではない光と音、風、そして雪のような薄片など何もかも謎のままだった。誰かの推測ではその日、上空を飛んでいるのが見えた飛行機から降ってきたのだろう。明くる三月二日は報せも説明もないまま始まったが、午後遅く、五時くらいだったか、二人の将校が放射線の計測器を手にして島に上陸した。村民の家の中で得られた数値は驚異的だった。一時間に一・四レントゲンだ。計測値が得られるまで、ロンゲラップの人々は放射能で汚染された地域で二日目を過ごしていたことになる。当時米軍兵士一人につき許容されていた最高限度が一回の作戦につき、もしくは三カ月で三・九レントゲンだった。村人たちはその何倍もの線量の放射能を浴びていたのだ(*Ibid.*, pp.24-5)。

たぶん島民の大半は、白い塵が降り注ぐのを見て、人工的な降雪とでも思ったのだろうか。異変にお祝いめいた華やぐ空気を感じながら、誰かから「歓迎されている」と思った人も少なからずいたらしい。季節外れのホワイトクリスマスは、やがて悪夢へと変わってゆく。皮膚の猛烈な痒みのため苦悶にもんどり打ち、夜通し転げ回り、子どもたちは皮膚を掻きむしって泣き叫んだ。この人工雪のような何かをはじめ、核実験の近傍にいた人々がどんな被害を受けたのかは、爆心地からの距離ごとに詳細に報告されている。

〔資料8〕ウティリック環礁からの避難民が放射能に起因する症状を何ら示していない一方、ロンゲラップからの避難民は夥しい症状を呈していた。四分の一以上（六四名中一八名）が吐き気と皮膚および目の痒みを訴えた。ただ、それは始まりに過ぎなかった。二週間から四週間のあいだに曝露したとき衣服に覆われていなかった身体の部位に火傷の症状が現われたのである。クラークソン長官の報告書には「一時的な血球数の低下、一時の脱毛の事例、そして皮膚障害」とある。彼の報告によると二～三パーセントがいくらか髪が抜け、五パーセントが出血の症状を呈し、一〇パーセントが口内にヒリヒリする痛みを訴えた。「血液像の観点からすると、ロンゲラップの原住民はヒロシマとナガサキの爆心地から一・五マイル〔二・四キロメートル〕ほど離れていた日本人〔のそれ〕と程よく一致する」（*Ibid.*, p.27）。

島民たちが受けた被害は、たとえ純然たる故意ではなかったにしても、少なくとも未必の故意ではあった。それというのも、爆発の規模が計画段階で想定されたレベルを越え、想定外の被害が発生したとしても、島民たちの所在は完全に軍の管理下にあったからである。彼らの被害は軍の目を逃れたところでたまたま蒙ったものではない。しかし、何もかもが軍の管理下にあったというわけでもない。いつからか米軍の監督下を離れていたか、はじめから視野のうちになかった者たちがあった。

5　ある漁船を襲った出来事の顚末

「宴もたけなわ」という言い方があるが、冷戦もある種のバカ騒ぎにほかならず、互いに対する警戒感をバネに盛り上がる暗い宴のようなものだった。それゆえ新たな節の冒頭部分にやや不穏当な訳語を与えてみたが、それを皮切りに長めの引用を一挙に読んでみよう。

〔資料9〕冷戦もたけなわであり、してみれば揉み消し工作には事実の隠蔽、敵を欺くことを狙った声明のたぐいが含まれるだけでなく、あからさまな虚偽も含まれていた。合衆国の外側から三月十六日、想定外の事実がすっぱ抜かれた。一二日前の三月十四日、第五福竜丸という長さ二五メートル、一四〇トンのマグロ漁船が列島最大の島である本州の太平洋側にある焼津漁港への帰路にあった。二三人の乗組員は一カ月以上も家を留守にして、マーシャル諸島沖で漁をしていた。気分があまりすぐれなかったとしても、故郷の岸辺が見えると彼らは喜んだ。見せびらかすほどの大漁ではなかったが、積もる話はたくさんあった。

第五福竜丸は始めからツイていなかった。船の若き船長、筒井久吉は弱冠二二歳だったが経験に乏しく、野心で経験不足を補っている状態だった。船が磯で使う釣り糸の半分を失ったとき、筒井は貧しい漁獲高のまま帰るのを嫌って、残りの小型船団を切り離してマーシャル諸島に賭けたが、他の乗組員はあまり乗り気ではなかった。そこは釣りに向かないところだったが、もはや筒井に失うものはなかった。彼が獲った量ではまるで稼ぎにならない。水と物資が底を突きはじめ、大洋に出てからすでに数週間が過ぎた三月一日、船長はおのれの運勢を最後の一回で試そうと決意を固め、水中に糸を垂らしたのである。彼らが水中から糸を引こうと待機していると突如、西方で空が光った。

当時二〇歳の漁師だった大石又七は『西から太陽が昇った日』と題した著書において自身の経験したことを述べている。「それは三分か四分、おそらくはもっと長く続いた」と大石は同僚の漁師たちとともにその日の朝目撃した光景について証言を記している。「その光はやや蒼い黄色から、赤っぽい黄色、オレンジ色、赤、そして紫に変わり、ゆっくりと消えていき、そして静かな海が再び暗くなっていった」。だが静寂は間もなく轟音によって破られ、次いで巨大な波が襲い、漁師たちは爆発が海底で起きたものと思い込んでしまった。その後、静寂が戻ったが、数時間後にどこからともなく白い塵が空中に出現し、第五福竜丸のデッキを覆った。漁師たちは何が起きているのか見当もつかなかった。後にメディアはそれを「死の灰」と呼んだ。

第五福竜丸はグラウンド・ゼロから七〇マイル（一一二・六五キロメートル）以上離れていて、アメリカ海軍がパトロールしていた危険区域から約二五マイル（四〇キロメートル）のところにいた。実験前に危険区域をパトロールしていたアメリカの飛行機は船を偵察していなかったのだが、やがて飛行機が放射制御のため大気のサンプルを採ったときには完全に見失っていた。実験の刻、漁師たちはビキニ環礁の東、ロンゲラップ島の北方約二八マイル（四五キロメートル）にいて、そのため環礁に及ぼした影響と同等の降下物と放射線に見舞われた。主な違いといえば、三月二日、ロンゲラップに住むマーシャル諸島民には終日水を使わず、屋内にいるよう警告されていたことくらいだ。翌日、彼らは島から避難した。第五福竜丸の漁師たちは日本に着くまで自分たちが蒙った放射線曝露について何一つ知らされていなかった。

彼らの郷里である焼津漁港では、船内から九八フィート（三〇メートル）離れたところから放射線が検出された後、船長は命令を受けて埠頭の一部に固定されていた船をそこから離れた場所に移動させられた。引き続く検査により、ガンマ線のレベルが一時間あたり四五ミリレントゲンに達するとわかった。別の報告では一九五四年四月半ばになってもデッキの放射線レベルは一時間あたり一〇〇ミリレントゲンに達した。漁師たちはそれぞれ少なく見積もっても一〇〇レントゲンを浴び続けていたことになり、これは放射線年間曝露（被曝量）の上限の二〇年分以上に相当する（アメリカの職業上の上限は今日でも年に五レム〔人についてレントゲンと同等〕となっており、これは放射によって生み出されるエネルギーとして四・四レントゲンに相当する）。漁師たちの被曝レベルはたぶんもっと高く、爆発直後の船体の放射線レベルによる明白な事実からも一時間あたり四五ミリレントゲンより相当程度は高かったにちがいない。

以前にいわゆる「被曝者」を治療した経験のある日本人医師――ヒロシマとナガサキの核攻撃

からの生存者でもある――はすでに見慣れた症状を認めた。漁師たちは吐き気や頭痛、発熱、目の痒み、火傷、腫れ物に見舞われていた。歯茎からは出血があり、白血球と赤血球の数は少なく、しかもどちらの数も低下し続けていた。甲状腺内の放射性ヨウ素の数値が高く、彼らが汚染された食物を摂取したことを示唆していた。さらに造血器官や腎臓、肝臓も影響を蒙っていた。船員たちは船と同様に隔離された。漁師たちは市から遠く離れた病院で観察下に置かれ、輸血を含めて積極的な治療を施された。ニュースが港町に広がるにつれ、漁師と触れ合ったみなが危険を感じていた。最初に医師のドアをノックしたのは、帰港した直後の漁師たちを客として家に迎え入れた娼婦たちだった。

漁師が船上で食したのは放射性の漁獲の一部であり、焼津漁港は間もなく第五福竜丸の漁獲量の中にまばらに汚染されたものがあるのを認めた。市民は地元の市場でガイガーカウンターを使って魚を点検し始めた。船から下ろした二頭の大きなマグロは売り物にならないだけでなく食べることもできないことが明らかになった。しかし、さらに身の毛もよだつ発見があった。汚染された魚は第五福竜丸からだけでなく、太平洋から戻った他の船からも出てきたのだ。年の瀬までに七五トンのマグロがゴミになった。「きれいな」マグロの価格が上がったのも無理はない――それでも誰も買おうとしなかった。日常の食物の多くを魚や他の海産物に頼っている国はパニック状態に陥った。ほとんどの人が信じ込んだのは放射線が、人からであれ魚からであれ感染するということだった（*Ibid.*, pp.29-31）。

第五福竜丸を見舞った出来事は、日本人にとって広島と長崎に続いて三度目の経験となった。戦争を語り継ぐ段になると、なぜか語り口も語りの内容も一様になり、大して聞いたこともないのに常套句の反復のように耳に響くようになりがちだが、資料のように視点が変わると一挙に事象をめぐる空気感が変わる。とりわけ注意したいのは、この漁船の動きが米軍のみならず漁師たち当人にも読めなかった点である。米軍の監視網が甘かったのも否み難いが、むしろ爆発の規模が実験に携わった者たちの予想を超えていたというのがどうやら真相だったようだ。

〔資料10〕ロスアラモスの科学者たちは計画の振り出しに戻らなければならなかった。彼らはすぐに計算し直し、当初の計算がどうして間違ってしまったのか導き出した。その結果、リチウムの振る舞いを理解し損ねていたことが明らかになったのだが、爆弾には全リチウムの六〇パーセントを占める同位体が使われていた。科学者たちの見込みではリチウムは不活性のまま〈トリチウム－デューテリウム〉核融合反応には全く関与しないはずだった。それが違っていたのだ。核融合反応により生み出された高エネルギーの中性子の砲撃を受け、リチウムはトリチウムとヘリウムとに崩壊していた。トリチウムの総量が著しく増加し、それが核融合反応に加わって爆弾から生じる主要な要素にまでなってしまったのだ。一度リチウム7の振る舞いがわかってしまえば、水素爆弾からの産出予測もより信頼できるようになった。すぐに問題は解けた（*Ibid*., p.35）。

研究者たちの計算の様子から、核融合の材料は重水素と三重水素ではなく、それらとリチウムとの化合物だったことがわかる。大量に放出された中性子がリチウムの原子核を破壊し、軽い元素に核分裂を誘発していた。リチウムは原子番号3だから、リチウム7は陽子三つのほか、中性子四つを含む。核分裂の結果、一方にヘリウム4（陽子二つと中性子二つ）が現われるなら、中性子が単独でどこかに放出されない限り、もう一方に現われる水素はトリチウムになる（陽子一つに中性子二つ）。このトリチウムが核融合に関わり、巨大な力を生む可能性が当初の計算からまるごと漏れ落ちていた。マーシャル諸島民の健康被害と第五福竜丸を襲った出来事がまさに計算外だったのは、重水素化リチウムと三重水素化リチウムを材料に用いながら、肝心のリチウムがどう振る舞うのかを「想定外」に捨て置いたままにしたからだったのである。その結果、爆発の被害が及ぶはずの範囲の外に捨て置かれた人々は計算外の被害に直面し、結果的に死者を出してしまった。

〔資料11〕死因を直接キャッスル・ブラボーの降下物に帰せられる最初の死者は一九五四年九月二十三日に出た。犠牲者は久保山愛吉、四〇歳であり、第五福竜丸では無線長だった。直接の死因は肝硬変だったが、根本的な原因については日本とアメリカの医師間で論争があった。前者の主張は、内部被曝の結果、肝硬変が生じたのかもしれないとのことで、対して後者は久保山が被曝したほかの漁師の大多数と同じく、日本の医師の指示によって不必要かつ有害な輸血をされたせいで肝炎に罹ったと主張したのである。なるほど肝炎は入院中の漁師の間で問題になっていたが、久保山を除く全員がその試練から生還した。治療を終えると彼らは退院し、通常の生活に戻った。彼らの健康と寿命についてはほとんどデータが収集されていなかったが、それは日本社会における放射能への恐怖とそれに関連づけられたスティグマが一九五〇年代と六〇年代にわたってあまりにも強大だったからである（*Ibid.*, pp.39-40）。

キャッスル・ブラボー実験の犠牲者となった久保山の名前は広く知られることとなり、戦後の核実験を象徴する人物となった。彼の死をめぐっては日米の医師間で論争があったが、真偽はともかく、その喧しさのため掻き消されてしまった事実がある。直接の犠牲者と言えるのは久保山に限られるのかもしれないが、その死に実験が関わっていないと断定しうる事象はむしろ一例もなく、実際には多数ありうるからである。被害者はみな子どもたちだった。戦後の核実験をはじめ、チェルノブイリ（チェルノービル）の原発事故ならびに福島第一原発の事故に至るまで、子どもたちの被害が明らかになるとその度に眼前の事実が確率論的な可能性の中に掻き消され、うやむやにされる論法が蔓延《はびこ》るのを目撃することになる。抽象概念の羅列と一緒に種々の数値、記号が駆使され、身体の事実はあっという間に言葉の彩に包まれて掻き消されてしまうのである。

〔資料12〕子供に関わるもう一つの発見が機密のままにされていた。キャッスル・ブラボーの降下物に曝露された一〇歳以下のほとんどの子供は甲状腺機能の低下から甲状腺腫瘍に至る甲状腺の問題を抱える羽目になった。被曝していないグループにおける甲状腺腫瘍の割合は二・六パーセントなのに対し、当該グループにおける発症者は七七パーセントに上った。この問題はすでに生まれた子供たちの成長を遅らせることになったが、被曝した時に母の子宮内にいた胎児の場合、影響はさらに顕著だった。被曝後すぐに生まれた三人の子供のうち、二人が重篤な異常を抱えていた。一方は小頭症で、他方は甲状腺腫瘍だった。

ロンゲラップ島の行政長官、ジョン・アンジェインの息子、リコイ・アンジェインは降下物に降られた時は一歳だったが、一二歳になった時、甲状腺腫瘍と診断された。彼の手術は成功したのだが、数年後に急性の白血病を発症し、アメリカで治療を受けていたとき一九歳で亡くなった。ある研究によればマーシャル諸島民で甲状腺癌を発症した症例のうち二一パーセントに核実験との関係があると考えられている。ロンゲラップとウティリク環礁の人々については、そのパーセンテージがグンと高くなり、それぞれ九三パーセントと七一パーセントにのぼった。キャッスル・ブラボーの降下物の影響を受けた人々の大半において放射線は癌を引き起こさなかったが、癌を生長させる確率を著しく増大させ、生存率を顕著に減少させたのである（*Ibid.*, pp.40-41）。

末尾の文章がとりわけ示唆的である。核実験や原発事故をめぐる被害をめぐって編み出された医学的レトリックは、つねに身体を数字に還元し、苦悶を確率の中に解消し、身体的な具象を統計学的な抽象の中に掻き消す試みとして人々の前に立ちはだかることとなった。

第7講 破局（想定外の事象）の論理

1　想定外の想定可能性

ジョン・ロールズの『正義論』の理論的な土台は、いわゆる社会契約論にあった。「justice」という単語には「正義」だけでなく「公正」の意味もある。契約を締結する者たちの関係が正当であるためには、契約内容が公正でなければならない。自然権思想の代表的な論客であったホッブス、ロック、ルソーにとって、社会契約は契約の当事者間の関係を規定する点で共通している。

公正な相互関係を、人類学の用語では「互酬性 reciprocity」と言う。互酬性は必ず対等な者同士の関係を指す。すなわち、対等な者たちの相互依存や対抗関係においては、彼らの関心（利害）もまた必ず互酬的（相互的）にならざるを得ない。対等な者同士の関係とは、贈り物を贈り合う関係を範とし、贈り物をもらったら、お返しをしなければならないという規範に縛られている。その規範は二つの義務から構成される——受け取る義務と返礼の義務である。同じ対等な関係性は、公正なルールにしたがって闘争する人たちにも当てはまる。一つの将棋盤を挟んで勝負する棋士たち、同じリングで殴り合うボクサーたち、土俵の上でぶつかり合う力士たち。ラテン語では市民を「civis」（キーウィス）と呼ぶが、その関係を指す civitas キーウィタースの意味は、対等な市民同士の関係を指す。友 civis の対概念は「hostis」であり、こちらは「敵」を意味する。「友」と「敵」は、正負の記号のちがいはあるが、どちらも対等な関係を意味する。友人たちは互いにとって友である者たちであり、敵もまた互いにとって敵であり、その意味で対等なのだ。どこまでも横向きの対等さにとどまるがゆえに、社会契約論を土台にして議論される「正義・公正」の考えからは必然的に抜け落ちてしまう問題ないし関係がある。

〔資料1〕契約にもとづく正義の理論は、相互関係を理想としている。ところが、異なる世代同士の間には相互関係はありえない。後から来る世代は先行する世代から何かを受け取るが、代わりに何かを先行世代に与えることはできない。さらにもっと重大な問題もある。西欧に見られるような直線的な時間の観念、つまり啓蒙主義から受け継いだ進歩思想では、未来の世代は先行世代よりも幸福で賢いとされてきた。一方、正義論が体現する基本的な倫理的直感では、私たちは弱者を優先するよう促される。するとここで大きな矛盾が立ちふさがる。世代間での場合、先行世代は恵まれていないにもかかわらず、彼らだけが後の世代に与える立場にあることになってしまうのだ！

このような枠組みの中で思索していたカントにとっては、人類の歩みが住処を建設することに似ていて、最後の世代だけそこに住まう楽しみを享受できるなど、とうてい説明のつかないことだった。しかしながらカントは、自然や歴史の狡知であるかのごとく示されること、いわば道具的理性の一大傑作の完成を、拒絶できるとは思っていなかった。すなわちそれが、最後の世代のために先行世代が身を犠牲にするという考え方である。

私たちの今日の状況はそれとはだいぶ異なっている。というのも、私たちの基本的な問題は、一大破局を回避するということだからだ。

〔中略〕では、私たちは西欧の伝統の外に概念的な手がかりを見出せるだろうか？　アメリカ先住民にはきわめて美しい次のような箴言が残されている。「大地は子孫が貸してくれたもの」（ジャン＝ピエール・デュピュイ『ツナミの小形而上学』島崎正樹訳、岩波書店二〇一一年。八‐一〇頁）。

civisとhostisが関係の対等性を見失うことなく、位相を少しだけ変える契機がある。それが市民＝友が敵国の訪問者を客人と迎えるときに形成される態度である。その態度を英語では「hospitality」と表現し、その意味は「歓待」または「おもてなし」である。敵国からの訪問者が「客人（ゲスト）」になるとき、主人が男なら「ホスト」になり、女なら「ホステス」となる。見ず知らずの病人を受け入れる施設はホスピタル（病院）と呼ばれ、見ず知らずの旅人を宿泊させる施設はホテル（旅籠）と呼ばれる。hospitality によって結ばれるホスト／ホステス（主人）とゲスト（客人）の関係は対称的な相互関係ではなく、非対称的な関係に移っている。すなわち、「もてなす／もてなしを受ける」関係であり、「治療を施す／治療を受ける」関係であり、「泊める／泊まる」関係である。

関係が非対称的であっても、例えば「売る／買う」のように「与える／受け取る」関係に対価がともなうなら、それは等価交換によって結ばれた関係になるから、やはり対等な関係に帰着する。関係の非対称性が対価をともなわず、非対称的なまま推移するなら、関係は相互的なものでも互酬的なものでもなく、「世話する／される」のように「相補性」（G・ベイトソン）に貫かれたものになる。親子関係や師弟関係など、先行する世代と後続する世代との関係がこれに当たる。

デュピュイの主張は、ロールズの言う正義が社会契約論の立場から立てられる限りにおいて、非対称的な関係、とりわけ先行する世代と後続する世代との関係が丸ごと抜け落ちてしまうということだった。つまり、先行者と後続者とのどちらが不利益を蒙るのかはわからないが、少なくともそれらの関係は公正たりえない。先立つ世代が後続する世代に何を遺すかはわからないが、後の世代はそれを受け取ることしかできない。しかも受け取る者たちはすべてを相続しなければならない。相続したものは「遺産」と呼ばれるが、その中には否応なく負の遺産も含まれる（核のゴミを含む大量のゴミ）。

デュピュイが公正（正義）から脱け落ちた「遺産相続」の一方向的な関係に孕まれた暴力性に

対し、それを埋め合わせる契機として挙げたのは、アメリカ先住民の教え、――「大地は子孫が貸してくれたもの」。

2　MAD

正義論における関係からの一帰結として、対等な者同士の暗黙の了解という契機がある。暗黙の了解とは、社会契約論の中でもとりわけユニークな立場であり、「社会契約などあり得ない」と主張したデヴィッド・ヒュームの考えだった。ヒュームの主張は、社会を作った祖先が契約を結んだのではなく、今、現に社会生活を営んでいる私たち自身が日々、阿吽の呼吸で契りを結んでいるというものだった。ボートに乗り合わせた二人が交互に櫂を漕ぐようにして――。そのような暗黙の了解への「信」は、はたして契約たりうるのだろうか？

〔資料2〕私が述べたいのは、相互確証破壊（MAD）という論理、むしろ「相互脆弱性」とでもいうべき論理である。基本的な図式は単純である。各国は、他国を破滅させる報復手段を持つ、ということである。ここでは安全保障は、恐怖の賜物である。もし二国のうちの一国が自己防衛を強化したら、その国は自らの強さを信じることになるので、もう一方の国は、先制攻撃を予防するためにその国を攻撃するだろう。核兵器社会は脆弱であり、同時に強靱な存在となる。脆弱だというのは、他国からの攻撃によってある社会は滅ぼされかねないからである。強靱だというのは、社会は攻撃者を殺す前に死ぬことにはならないからである。社会を破滅させる攻撃の力がどれほどのものであろうが、それはつねに可能である。核抑止は、「冷戦」と呼ばれるパラドクサルな平和におそらく貢献したのだ。今日いまだに幾人かの精神を動揺させる問題とは、パラドクサルな平和が道義的に異常であったかどうかを見極めることである。〔中略〕

あるフランス人戦略家は平然と次のようにいう。「我が軍の潜水艦は、半時間で五千万人を殺戮することが可能である。これだけでどんな敵であろうとも攻撃を思いとどまらせるには十分だと考えている」。震え上がるような談話であるが、この言語行為によって彼が表現する未曾有の脅威は、まさに抑止の本質である。たとえ甚大な被害をもたらす先制攻撃に対する報復攻撃だったとしても、五千万人の無実の人を殺す行為ははかりしれない悪行であると多くの人は考えている。この行為をおかす意図もまた、巨大な悪ではないのか。もし私があなたを殺す計画を立てており、予期せぬ出来事によって私が罪をおかさない場合、私が計画を実行した時に比べて、罪が軽いといえるのだろうか（ジャン＝ピエール・デュピュイ『ありえないことが現実になるとき』桑田光平・木田貴久訳、筑摩書房、二〇一二年。一八五－六頁）。

ＭＡＤ（Mutual Assured Destruction）は、核の所有が戦争への抑止力、延いては安全保障につながるという考えの核心にある論理である。それは単なる絵空事ではなく、核を持たない国に核を所有しようという動機を付与し、すでに核を所有している国に対しては保有の論拠を与える理屈ともなっている。

ＭＡＤの論理は、ある単純な心理を想定している。躊躇である。第一に挙げておくべきは、核開発に邁進した科学者たちの考え方である。彼らは、たとえ核兵器が手に入ったとしても、大きすぎる破壊力を手にすることは、むしろ使用（とりわけ実戦における使用）を躊躇わせるにちがいない。だから、すでに所有する核の威力をデモンストレーションを通じて示すだけで、今度は敵の側が戸惑い、戦争に向かう気持ちを萎えさせるか、少なくとも躊躇わせることになる、と。この、いわば第一の躊躇を採っていたのは、オッペンハイマーとボーアだった。

いやいや、実戦で用いてこその「抑止力」だと考えたのがグローヴスとトルーマンだった。いずれにしろ、使用によって敵国ないし隣国に生じるであろう躊躇の感情が第二点に挙げられる。第一の躊躇は、もてる力が巨大であるからこそ使うことに関して生じる躊躇いの感情である。第二の躊躇は、敵ないし友のもつ力をまざまざと見せつけらせた側に生ずる当惑ないし恐れに起因する躊躇であり、つまりは戦争の遂行および軍備拡張に対する躊躇いである。これら核から生じる二つの躊躇いが「抑止力」になるという考え方を、デュピュイが挙げたフランス人戦略家は見事になぞっていたが、戦略家本人は自分の言葉が他人の受け売りであることにまったく気づいていなかった。

歴史は第一の躊躇を反駁している。つまり、科学者たちの使用への躊躇いは、簡単に裏切られた。しかも、わざわざ日本に降伏の機会を与えまいとする念入りの工作を凝らした上で見事に突破されてしまった。そして、アメリカの軍と政府の想定していた第二の躊躇いもまた、ソ連や英仏の核開発によって簡単に破られてしまった。核を保有することは自国が使用することへの「抑止力」にならなかったし、他国の核開発への「抑止力」にもなってくれなかった。

こうして複数の核保有国が核兵器という究極の武器を手にして睨み合う恰好になってしまった。この二つの抑止力が破られた結果として出現した状態こそ皮肉にも真の「抑止力」を出現せしめ、互いに核を有するがゆえに核戦争を不可能に陥らせる「ＭＡＤ」を実現させたことになる。その理屈によれば、科学者が想定した抑止力が難なく破られたのは、アメリカが持っている核の力を日本が持っていなかったからだということになる。もし日本に核兵器があれば、たとえアメリカであっても簡単には攻撃できなかったにちがいない。したがって、アメリカの保有する核の脅威に屈しないためにも核保有は必要だし、アメリカの覇権（一強支配）を許さないためにも核兵器の開発は是が非でも進めなければならない。

このような考え方がソ連だけでなく、イギリスやフランス、中国の核開発を促してきたし、インドやパキスタン、イスラエルなどの国々を核開発に走らせた。日本の政治家たちの中にもこの種の考えに取り憑かれた人たちがいる。ただし、この論理には致命的ともいうべき大きな穴が空いていた。

3　抑止の論理を反対方向からひっくり返す

核保有による「抑止」の論理には、固有の危うさがある。それが何かを知るため、とりあえず資料を読んでみよう。

〔資料3〕完璧な抑止が機能した時に自己矛盾に陥るというテーゼから始めよう。これは歴史の時間、すなわち戦略の時間においては、重大な形而上学的誤謬をおかさずには弁護しえない。その誤謬とは、現実化していないものから不可能性を引き出すことである。これは、核抑止の推進者たちが、「私は決してボタンを押さないだろう」という事態から「私がボタンを押すのは不可能である」という事態へとひそかに移行した時にまさに彼らがおかさざるをえない誤謬である。彼らは核抑止の批判者から、受け入れがたいことを可能にしていることで非難されている。歴史の時間では、抑止が完全に機能したら、黙示録的脅威は実現しない可能態であり、この可能態は現状の世界に対して抑止的な効力を発揮し続けるのである。もしそうでない場合は、それは脅威が自己矛盾するからではなくて、恐怖をもたらす可能性であるところの脅威が信ずるに足りないからである。歴史の時間において私が照準を定めた推論の誤謬は、こうして、核抑止の批判者によって時間の流れのなかで、先行した二つの重大な議論を混同することへと立ち戻る。すなわち、一方では、脅威の確信の欠如、もう一方では順調に機能した抑止の自己否定である。この二つの議論は、異なる形而上学の基礎の上に立っている。

反対に、投企の時間においては、実現しない状態から不可能性への移行は誤謬ではない。というのも、そのことが投企の時間にふさわしい形而上学の基本的な特性の一つだからである。現在においても未来においても、存在しないものはおしなべて不可能態である。したがって、投企の時間においては、順調に機能した、すなわち、脅威の実現を非存在の領域へと放逐したあらゆる抑止や防止は、まさに順調に機能したという理由で、自ら消滅しているのである。順調に機能したあらゆる防止は必然的な結果として、無駄に見える。というのも、それは存在しない悪を追い払うためになされているからである。歴史の時間において際立った詭弁としてあらわれたものは、投企の時間において有効な論理展開となったのである（同一九二―三頁）。

抑止の矛盾とはこうだ。ＭＡＤが成立すれば、どちらが仕掛けても必ず相討ちになる。そのことを弁えた上で、双方ともに刀に手を掛け、睨み合っている。相手を殺そうとすれば確実に自分も殺されるとわかっているから、どちらも手を掛けたまま絶対に刀を抜かない。ただし、抜かないのではなく、抜くことができない、つまり「不可能性」の域に達しなければ、ＭＡＤは安全保障として確実だとは言えない。

しかし、不可能であることが確実になってしまうと、その途端に今度はＭＡＤがその意義を失いかねない。絶対に使えないものなど存在しないも同然だからだ。あってもなくても同然の存在なら、もはや脅威の名で呼ぶことすらできなくなるだろう。絶対に使わないものをわざわざ巨額の予算を投じて開発し、保有し続ける意味がどこにあるというのか。

もし、なおも保有する意味があるとすれば、ＭＡＤが破られてしまう可能性が現実味を帯びていなければならない。単にして純に不可能なら脅威などないに等しいのだから、脅威が信ずるに値するものであるためには、抑止が解除されてしまう可能性があり、可能性が現実になるその瀬戸際にいると証明できなければならない。

もちろん脅威が現実になれば、今度はＭＡＤが砂上の楼閣となり、はじめから核に抑止力などなかったことになる。安全保障を必要かつ確実にしたいなら、脅威は現実的なものでなければならないが、未然に防がれていなければならない。喫緊の脅威はそれが現実化する可能性がありながらも、その契機を絶えず遠ざけられ、だが完全に取り除かれることなく存続しなければならない。

カール・シュミットが『大地のノモス』の冒頭で挙げた古代キリスト教における「抑止するもの」の役割が思い出される。「抑止するもの」は何を抑止しているのか？――決まっているではないか、終末の到来だ。テルトゥリアヌスの時代から、ヨーロッパ人は「抑止力」をキリスト教的な「終末の到来」との関連で思考し続けてきた。ただ、古代と異なるのは終末をもたらす力もその到来を抑止する力も同じ「力」であり、いずれの力も人の手の内にあるということだろう。

だから時が経つにつれて、人は抑止が順調に機能していると思うよりも、次のような疑惑を抱くようになる、――脅威は本当に存在しているのか？　脅威も抑止力も巨額の予算を分捕るための方便（フェイク）ではないのか？　つまり、「終末」はもはや神話や伝説でしかないのではないか？　こうして脅威は不可能性を経由して「非存在の領域」へ放逐されてしまう。脅威が存在しなければ、抑止は存在しないものを防ぐための保険になってしまう。しかし、すべてが無駄な投企（投資）となれば、核保有国は「無」という巨大な穴を掘って、そこに莫大な資金を注ぎ込んでいただけになる。

それゆえ、もし核保有国の投資が無駄（無益）ではなかったと正当化しようとすれば、脅威が再び現実的かつ確定的なものになっていなければならなくなる。たとえば、使う当てのない品物を高額で購入することを説得力ある形で正当化する「理由」とはいったい何だろうか？　おそらく「使う機会」を具体的に想定できなければ「理由」も構築されえない――脅威も抑止力も「想定外」ではあり得ない、と。こうして堂々巡りは終わることなく、論理は現実なのかフェイクなのかをめぐって空転を続け、為政者の焦燥感だけがいたずらに募ってゆく。デュピュイは「パラドクサル」という形容詞を用いたが、ＭＡＤにはまさに論理の大きな穴が空いているのだ。その穴を脱けようとする試みは、しかし、どこに向かって脱出しようとするだろうか？　突破口は抑止力の自己否定という論理の行き着く果てにある。邦訳書の訳文はやや難解に過ぎるため、ここは原文から訳出しておくことにしよう。「ＭＡＤの原理それ自体が、恐怖の均衡が崩れた場合には、相互破壊の保障に転じてしまうからである」(Jean-Pierre Dupuy, *Pour un Catastrophisme Éclairré.*, Seuil, 2002. p.207. 邦訳書190頁)。

つまり、何が抑止されているのかを明らかにするためには、その成果を形にして示さなければならない——誰の目にも明らかな形で。ただし、この場合は「抑止するもの」がそのままの形で「終末」に転移し、抑止力の「現実」が「現実の終わり」を実現することによって到来することになる。今度ばかりは一方的な破壊ではなく、互酬性に忠実な一蓮托生の論理にしてその現実態として——。

嗚呼、相互確証破壊はほんとうだった。ただし、それがわかるのは、つい先ほどまで抑止力がはたらいていたことをその失効がもたらす現実によって逆説的に知らしめられるからなのだった……。

現在の私たちより以上にこの論理の内側に生きていたことをありありと実感できる機会をもてた人たちは歴史上でも滅多にいないにちがいない。

あとがき

冒頭でも触れたとおり本書は『科学と国家と大量殺戮　物理学編』からマンハッタン計画と核開発をめぐる部分に焦点化して再編集したものである。

もとより本シリーズは冒頭に敷居の高い内容を据えていた。講義録であり、かつ教科書でもある以上、いわゆる「ラクタン（楽して単位が取れる）」を求めて講義を受ける舐めた学生たちを遠ざけておくためだ。読み物として間口を狭くしてしまった所以だが、著者でありながらそのことにまったく気づいていなかった……。

原子爆弾は物理学（または科学）三〇〇年を集約した頂点とも呼ばれていた。当然、マンハッタン計画に至るまでの科学的経緯も重要だが、本書では前史をすべてカットし、さらに後史からも核兵器に関するもの以外はカットした。ゆえに全体の半分弱の分量になったが、その分テーマはクリアになり、論旨を辿ることも容易になったろう。前著で挫折された方で、もし本書を紐解き、「そういうことだったのか」と膝を叩かれた方は是非ともあちらにも再挑戦されたい。

表記が横書きから縦書きに移行したことで算用数字の大半を漢数字に変更した。拙訳の資料についても訳語を変更・修正した箇所がいくつかある。地の文章についても相応の変更箇所があったことを付け加えておきたい。本の形になったあとで「しまった」と思うことはままあることだが、こういう形で修正および変更の機会をいただけたのはたいへん幸せなことである。
冒頭のイントロダクションはZoomを介して言視舎の杉山尚次氏と行なった談話を氏が文章に起こし、私が加筆修正したものである。遺漏なく述べたつもりなので、すでに言ったこと以上のことをここで付け加える必要はないだろう。

クリストファー・ノーラン監督作『オッペンハイマー』を観て、一点だけ「なぜ?」と感じ、理由がわからなかったシーンがある。オッペンハイマーがアインシュタインと会った際に、傍らにいたクルト・ゲーデルである。原作にも顔を出さないゲーデルがどうしてあの場にいたのか? 戯曲『コペンハーゲン』におけるボーアとハイゼンベルクとの行き違いが不確定性原理をなぞるように展開したのと同様、『オッペンハイマー』のかなりのパートを占める聴聞会のわけのわからなさが不完全性定理をなぞっているとでも仄めかしたかったのだろうか。真相はどうあれ、カントールに続いて実無限という(当時の知性にとっては中性子星にもブラックホールにも似た)悪夢に引きずり込まれ、精神を病んだゲーデルのあの佇まいはやはり気に掛かる。まさか、原作に収録された魂の抜け殻のようなオッペンハイマーの写真と対比して、今にも狂気に呑まれようとしているゲーデルの肖像を伏線として描こうとしたというのなら、あまりにもわかりにくい。それらもみなちがうとしたら、いったいなぜ?

ふと脳裏を過ったシーンを思いだしながら、こんな疑問に耽る楽しみが詰まっているのが『オッペンハイマー』という説明の少ない映画の魅力なのかもしれない。加うるに、本書が原作本から引用した資料は映画で使用されなかったものばかりなので、きっと読者のオッペンハイマー像がさらに膨らむこと請け合いである。

表題の「オッペンハイマーの時代」が彼の人物像とはほとんど無縁であり、むしろ彼が扉を開いた時代を指す点だけはあらためて断っておきたい。それはわれわれとわれわれの子孫の死活問題であり、だからこそみなで受け止め、選択しなければならない問題であって、まちがっても彼に責任を押しつければ逃れられるような問題ではない。これらを踏まえた上での結語、――それでもなお知ること、考えることはよろこびにほかならないし、よろこびでなければならない。たとえ同種のよろこびの連鎖が最終兵器をこの世界に生み落とすことになったとわかっていても、やはりそこは変わらないし、変えてはならない。

二〇二四年六月四日

澤野　雅樹

澤野雅樹（さわの・まさき）
1960年生まれ、明治学院大学教授。専門は社会思想、犯罪社会学。主な著書『癩者の生』（青弓社）『記憶と反復』（青土社）『数の怪物、記号の魔』（現代思潮社）『ドゥルーズを「活用」する！』（彩流社）『絶滅の地球誌』（講談社選書メチエ）『起死回生の読書！』『科学と国家と大量殺戮 生物学編』『同　物理学編』（言視舎）『ミルトン・エリクソン―魔法使いの秘密の「ことば」』（法政大学出版局）ほか多数。

編集協力………田中はるか
DTP制作………勝澤節子
装丁………足立友幸

オッペンハイマーの時代
核の傘の下で生きるということ

発行日❖2024年6月30日　初版第1刷

著者
澤野雅樹

発行者
杉山尚次

発行所
株式会社言視舎
東京都千代田区富士見2-2-2　〒102-0071
電話03-3234-5997　FAX 03-3234-5957
https://www.s-pn.jp/

印刷・製本
モリモト印刷㈱

ISBN978-4-86565-276-5 C0036